FAR-NIENTE,

POÉSIES

Par Casimir FAUCOMPRÉ

(DE LILLE),

Auteur de *Roses et Soucis*.

LILLE,
IMPRIMERIE DE E. REBOUX,
Vieux-Marché-aux-Poulets. 17.

—

1853.

FAR-NIENTE.

C.

Lith. de F.e Parisaud à Douai

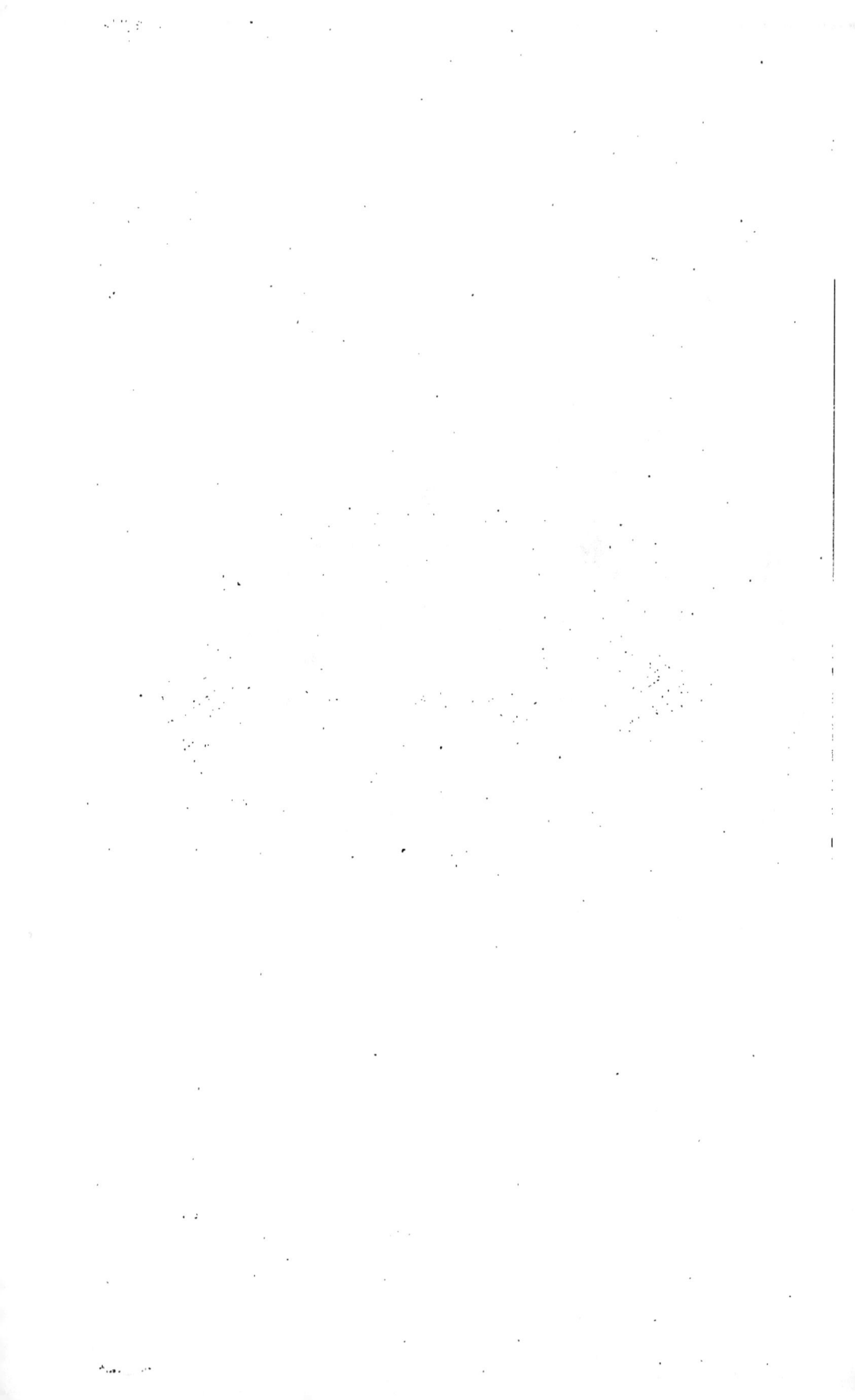

FAR-NIENTE,

POÉSIES

Par Casimir FAUCOMPRÉ

(DE LILLE),

Auteur de *Roses et Soucis*.

LILLE,

IMPRIMERIE DE E. REBOUX,

Vieux-Marché-aux-Poulets, 17.

———

1853.

À mon Père,

—

A vous, mon Père, ce deuxième essai d'une muse peut-être légère, mais franche et de bon aloi ; à vous qui, depuis bientôt cinq ans, cherchez par mille prévenances, mille douces attentions à dissiper en moi, autant que faire se peut, le souvenir poignant d'une perte irréparable : celle d'une Mère adorée.

Veuillez, mon Père, accueillir ce volume, non-seulement comme une marque de respect, mais encore comme un témoignage de profonde et sincère amitié de la part de votre affectionné fils

CASIMIR FAUCOMPRÉ.

Lille, 1ᵉʳ septembre 1853.

ROUGE OU NOIR?

Il est un jeu de fol espoir
Qui pour le peuple a de grands charmes,
Source de rires et de larmes :
      Rouge ou noir ?

Adieu, je m'en vais à la foire,
Disait à Jeanne Jean Titeux,
Acheter une vache noire
Ou rouge encor si tu le veux.
Ainsi, perle des ménagères,
Gentille Jeannette, dis-moi
Laquelle des deux tu préfères,
Et rouge ou noire elle est à toi.

1

Il est un jeu de fol espoir
Qui pour le peuple a de grands charmes,
Source de rires et de larmes :
  Rouge ou noir ?

D'abord, Jean, répondit Jeannette,
Embrassons-nous et maintenant
Voici, pour payer ton emplette,
Cent dix écus en or sonnant.
Pour la couleur que je préfère,
Une vache noire me plaît,
Mais une rouge aussi m'est chère
Pourvu qu'elle soit riche en lait.

Il est un jeu de fol espoir
Qui pour le peuple a de grands charmes,
Source de rires et de larmes :
  Rouge ou noir ?

Prends encor cette corde neuve,
Dit-elle, je t'en fais cadeau :
C'est un licol à toute épreuve

Qui défirait même un taureau.
Au revoir et que Dieu te mène,
J'irai vers le déclin du jour,
Là-bas au pied de ce vieux chêne,
M'asseoir et guetter ton retour.

Il est un jeu de fol espoir
Qui pour le peuple a de grands charmes,
Source de rires et de larmes :
          Rouge ou noir?

Tout en quittant son épousée
Le fermier se disait ceci ·
Qu'une vache noire est prisée
Mais qu'une rouge l'est aussi.
Que si l'une est alerte et vive,
L'autre a pour moins autant d'éveil.
Il marchait donc tête pensive
A Saint-Jean demandant conseil.

Il est un jeu de fol espoir
Qui pour le peuple a de grands charmes,

Source de rires et de larmes :

      Rouge ou noir?

Rouge, noire, laquelle en somme?

Soupirait le pauvre Titeux.

Ah! que n'ai-je une double somme

Pour les acheter toutes les deux!

Pour revenir la belle escorte!

D'aise déjà j'en suis touché....

Tout en se parlant de la sorte

Jean se trouva sur le marché.

Il est un jeu de fol espoir

Qui pour le peuple a de grands charmes,

Source de rires et de larmes :

      Rouge ou noir?

La foule était grande sur place,

Et le bétail était nombreux.

Soudain, Jean fit une grimace

Et passa la main sur ses yeux.

Deux vaches à lait magnifiques

ROUGE OU NOIR.

Se pavanaient, là, devant lui,
Rouge et noire, couleurs magnifiques,
Jugez hélas ! de son ennui.

Il est un jeu de fol espoir
Qui pour le peuple a de grands charmes,
Source de rires et de larmes :
      Rouge ou noir ?

Rouge ou noir ? criait dans la foule
Un homme à la voix de Stentor.
A qui la boule ? à qui la boule ?
Qui veut jouer ici son or ?
A tous les coups, messieurs, on gagne :
Allons, qui risque un peu d'argent,
Pour en gagner une montagne ?
Ces mots firent sourire Jean.

Il est un jeu de fol espoir
Qui pour le peuple a de grands charmes,
Source de rires et de larmes :
      Rouge ou noir ?

De ton sage avis je prends note,

O saint-patron, dit Jean tout bas.

Vienne ta fête, je te vote

Un cierge gros comme le bras.

Avant une heure, sans déboire,

Mes cent dix écus doubleront

Et grâces à toi, rouge et noire,

Les deux vaches m'appartiendront.

Il est un jeu de fol espoir

Qui pour le peuple a de grands charmes,

Source de rires et de larmes :

       Rouge ou noir ?

Jean marche à la table où séjourne

Le jeu qu'inventa Belzébut.

Rouge ! dit-il. — La boule tourne

Et marque noir, mauvais début.

Alors, dit Jean, cachant son trouble :

Noir ! Il gagne; et dans son transport,

Double l'enjeu, perd et redouble...

Les vaches beuglaient au plus fort.

Il est un jeu de fol espoir
Qui pour le peuple a de grands charmes,
Source de rires et de larmes :
      Rouge ou noir?

Qui donc ainsi fendant la presse
Va s'arrachant ses blonds cheveux?
Ayez pitié de sa détresse !
C'est lui, c'est le fermier Titeux.
Ah! Jeanne, que va dire Jeanne?
Soupire-t-il; j'ai tout perdu,
Je suis un sot, je suis un âne
Qui mérite d'être pendu.

Il est un jeu de fol espoir
Qui pour le peuple a de grands charmes,
Source de rires et de larmes :
      Rouge ou noir?

Tenant en main la corde neuve,
De Jeanne funeste cadeau,
Licol de chanvre à toute épreuve
Défiant le plus fier taureau,

ROUGE OU NOIR.

Jean maudissait le sort perfide
Et droit devant lui s'en allait,
Le cœur gros et la bourse vide,
Sans ramener de vache à lait.

Il est un jeu de fol espoir
Qui pour le peuple a de grands charmes,
Source de rires et de larmes:
    Rouge ou noir?

Quand il fut proche de sa ferme
Avisant un chêne à l'écart,
Il y noua d'une main ferme
Le licol en guise de hart,
Contre l'arbre mit une pierre,
Ploya la branche et tout-à-coup,
Adieu! vaches, adieu! fermière,
Jean s'enleva.... la corde au cou.

Victime de son fol espoir
Il se balançait dans l'espace
Murmurait encore à voix basse :
    Rouge ou noir?.....

TROIS ANS.

A Madame Catherine de R.

Trois ans! rien qu'en trois ans comme on change, Marquise!
Nous sommes biens vieillis, ma parole d'honneur,
Chez vous.... — Mais pardonnez d'abord à ma franchise.—
Chez vous c'est le visage et chez moi c'est le cœur.

Chez vous, c'est près du front une mèche un peu grise,
Sur votre belle joue un peu moins de fraîcheur,
Chez moi, c'est pis encor, tout se démoralise
Je boude les plaisirs, je deviens.... épouseur.

Si, pour bouleverser ainsi le corps et l'âme,
Il suffit de trois ans, qu'adviendrons-nous, madame,
Dans trois ans? ah! sans doute en vous je saluerai

De pauvres orphelins la dame patronesse,
Et moi sur mes genoux, modèle de tendresse,
J'égairai mes enfants ou.... je les bercerai.

Juin 1847.

RÊVERIE.

Il est doux d'aspirer le parfum d'une rose,
Il est doux d'écouter un chant mélodieux;
Il est doux, vers le soir, quand l'âme se repose
De voir naître et briller les étoiles aux cieux.

Il est doux de s'asseoir sur le sable des grèves,
De regarder les flots s'avancer en grondant;
Il est doux de former des projets et des rêves,
D'entrevoir l'avenir avec un cœur ardent.

Mais, pour jouir des chants et du parfum des roses,
Et du calme des nuits et des flots écumeux,
C'est peu d'avoir une âme à comprendre ces choses:
Pour les bien savourer il faudrait être deux.

Il faudrait être deux.... mais souvent il arrive
Qu'après avoir, en vain, perdu ses plus beaux jours,
On ne rencontre, hélas! qu'en quittant cette rive
Celle que l'on cherchait et qui fuyait toujours.

PRÈS D'UN ENFANT MOURANT.

A cette mère hélas! pourquoi prendre son fils?
Qu'en ferez-vous là-haut, Seigneur? un petit ange....
Mais vous avez beaucoup d'anges au paradis :
Elle n'a qu'un enfant ; que lui rendre en échange !
  Ah ! laissez-lui son fils.

A LOUISE.

Louise, vous avez de charmants cheveux noirs ;
Louise, vous avez les plus beaux yeux du monde ;
Louise, vous avez, le diable me confonde,
De quoi faire ici bas cent mille désespoirs.

N'abusez point pourtant de la faveur immense
Que Dieu vous octroya dans un jour de bonté,
Ne jetez pas au vent votre riche existence
Car Dieu regretterait sa prodigalité ;

Et la fièvre viendrait dans ses serres cruelles
Sur un ordre de lui vous étreindre un beau jour :
Pour lors, adieu le sceptre, adieu les blanches ailes
Décernés par l'espoir, le caprice et l'amour.

En vain du gai Momus tinteraient les grelots ;
En vain l'archet rirait dessous votre fenêtre ;
À leurs appels joyeux répondraient des sanglots,
Des soupirs étouffés, des blasphêmes peut-être!

Et quand bien faible encore vous saisiriez tremblante
Le miroir confident de vos plus doux souris,
Il ne refléterait, ô belle insouciante,
Qu'un jaune parchemin couvert de cheveux gris.

A LA MÊME.

Ce n'est point ta beauté qui près de toi m'enchaîne ;
Ce n'est point ton sourire agaçant et moqueur,
Ni ton nez qu'avouerait la plus fière romaine,
Ni ton œil où l'amour se repose en vainqueur.

Non, non, ce qui me charme et près de toi m'attire
C'est ton insouciante et naïve gaîté,
Ton babil enchanteur, tes francs éclats de rire
Qui font oublier tout : souffrance et pauvreté.

J'aime ce cliquetis de verres, de bouteilles,
Ces nappes, ces cristaux par tes mains arrosés,
Ces refrains échappés à tes lèvres vermeilles
Et qui viennent mourir au milieu des baisers.

Et ce que j'aime encor ce sont tes danses folles,
Ce sont tes pieds légers que Satan fait agir
Si bien que sur tes pas quand tu tournes et voles,
D'un vertige infernal chacun se sent saisir.

Mais il est cependant chose qui me tourmente,
C'est de voir à ton cou briller ces diamants
Que seule peut donner la débauche opulente ;
Prix faible mais honteux de célestes moments.

Que je te trouvais mieux ! alors que ta parure
Ne coûtait à tes fleurs qu'une rose de moins,
Et qu'à ta mère seule, à la simple nature,
De charmer nos regards tu laissais tous les soins.

Le luxe exerce donc sur toi bien du prestige
Puisqu'un peu d'or se joue ainsi de ta vertu ?
Puisque pour un bijou ton jeune cœur transige ....
Ah ! s'il en est ainsi, malheur à toi, vois-tu ;

Malheur à la beauté coquette et sans parole

Qui n'a plus en amour ses privilégiés ;

Plus la débauche paie et plus, tombe l'idole,

Elle se sent le droit de la fouler aux piés.

LE CHANT DE LA VIERGE.

Je n'ai jamais aimé personne
Et ne voudrais, en vérité,
Echanger contre une couronne
Ma virginale liberté :
Femmes, sous la soie ou la serge
Je suis votre reine en tout lieu,
Et suis plus fière que la vierge
Qui mit au monde un enfant-Dieu.

Pauvres épouses délaissées,
Faibles amantes, je vous plains ;
Jadis mes sauvages pensées
Furent l'objet de vos dédains.....
Maintenant réclamant mon aide,

LE CHANT DE LA VIERGE.

Vous accourez, larmes aux yeux ;
Sur terre il n'est plus de remède,
Allez le chercher dans les cieux.

Voir devant soi ramper le monde
Et, d'un pied superbe, pouvoir
Repousser la foule qui gronde,
Briser son stupide encensoir.....
Noble dédain ! Mâle courage !
Pure et divine volupté !
Virginité, c'est ton partage ;
L'amour... c'est la servilité.

Non jamais une lèvre humaine
Ne souillera mon chaste front :
A mes côtés veille en sa gaîne
Un poignard, ami sûr et prompt.
Ah ! plaise au Ciel qu'il y demeure
Qu'il n'ait point à me protéger
Et que jusqu'à ma dernière heure
Il n'en sorte pour me venger.

Chênes altiers et centenaires ;
Agrestes fleurs, filles des bois,
Vous êtes mes sœurs et mes frères,
Comme vous je n'ai point de lois ;
Comme vous, rien ne me déflore ;
Et dessous vos ombrages verts
Ma voix est digne à chaque aurore
De se mêler à vos concerts.

Fière jusque dans ma vieillesse,
Et dédaignant les sots discours
D'une ardente et folle jeunesse
Je la veux dominer toujours ;
Oui, même alors bien qu'affaissée,
Mais vierge encor, je ne veux pas
A la plus belle fiancée,
Dans mon orgueil, céder le pas.

BOUTADE.

C'est le diable de s'en aller,
Lorsque l'on est si bien sur terre ;
C'est le diable de détaler,
Lorsque l'on peut boire à plein verre ;
Lorsque, l'amour sur ses genoux,
Le cœur joyeux, la bourse ronde,
On peut vivre dans ce bas monde,
Sans craindre le sort et ses coups.

La mort est un trop laid morceau
Pour qu'on se résigne à la suivre ;
Non, quand le carmin le plus beau
Remplacerait son teint de cuivre ;
Quand elle ornerait de raisins
Ses vieilles tempes décrépites ;

Bien plus... quand ses sombres orbites
Rouleraient deux yeux assassins!

Puis la tombe, quel froid réduit!
Rien que d'y penser on grelotte ;
Pas un rayon, toujours la nuit,
Et toujours le vent qui sanglotte !
Soleil, n'eût-il point valu mieux
Que ton sourire que j'adore,
Oubliant de me faire éclore,
N'eût jamais égayé mes yeux ?

Il est si bon d'aspirer l'air
Sous les tonnelles parfumées,
Et l'œil brillant, comme l'éclair,
Les lèvres d'amour enflammées,
De défier le Roi des Cieux,
De trouver dans son vaste empire
Un plus adorable délire,
Des baisers plus délicieux !

Heures d'amour, folles gaîtés !

Épanchements de la nature,

Pourquoi faut-il à vos côtés

Voir cette hideuse figure,

Se dresser en habits de deuil!

Et, sous les verdoyantes treilles,

Au-dessus du bruit des bouteilles,

Entendre clouer son cercueil!

LA JALOUSIE.

Avec le dernier son de l'orchestre bruyant
Tout s'est évanoui : cavaliers et danseuses,
Jeunes et beaux ramiers, colombes amoureuses,
Tous regagnent leurs nids d'un vol insouciant.

Ce bal était superbe et vraiment attrayant,
Rien n'y manquait : ni fleurs, ni charmantes valseuses,
Ni danseurs élégants, ni mères bien-heureuses,
Ni de mille bijoux l'éclat torréfiant.

Dans un coin du salon se tenait un jeune homme
Debout les bras croisés, pâle comme un fantôme,
Quand cet homme riait.... son rire faisait peur.

LA JALOUSIE.

C'est que d'un noir tourment, son âme était saisie,

C'est que là, dans ce coin, la sombre jalousie

De ses cruelles dents ui mordillait le cœur.

MA PLUME.

J'ai dérobé ma plume aux ailes de l'Amour,
  Et depuis je ne sais qu'en faire ;
Elle brûle mes doigts, et la nuit et le jour,
  Je suis forcé, pour lui complaire,
A célébrer Vénus en rondeaux, en sonnets,
  En madrigaux, en élégies ;
Et si me refusant à ses ordres damnés,
  Je veux, las de ses fantaisies,
Donner à mes écrits un plus grave maintien,
  Affronter l'ode ou l'épopée,
La mutine se cabre, elle n'écoute rien,
  Et, comme une folle échappée,
Elle bondit partout et couvre mon papier
  De taches d'encre et de ratures ;

En vain je la menace et veux me récrier,

     Elle répond par des piqûres,

Et glissant de mes doigts tombe sur le parquet.

     « Au diable tes odes maussades,

Dit-elle, ah ! laisse-moi mon amoureux caquet ;

     A quoi bon toutes ces tirades

Que l'on ne comprend pas ? Vaut-il pas mieux parler

     Le langage de la nature ?

D'un tragique manteau que sert de t'affubler,

     Poète orgueilleux et parjure ?

Cet ample vêtement n'est point taillé pour toi :

     Il est trop lourd pour tes épaules.

Tu mérites vraiment, pour ton manque de foi,

     Que Vénus te batte de gaules.... » —

Découragé pour lors, j'abandonne au hasard

     Ma pauvre muse échevelée,

Me souciant fort peu si sa joue a du fard,

     Si sa gorge est ou non voilée ;

Si son air est modeste ou trahit par moment

     Manon dans ses jours de folie ;

Si sa tunique est blanche ou porte effrontément

     La trace humide de l'orgie....

Et pourtant, je le sais, je pourrais dans mes doigts
    Te briser, plume enchanteresse,
Et secouer le joug de tes fantastiques lois;
    Mais j'ai pitié de ta faiblesse.

D'ailleurs, je me souviens qu'au temps de mes beaux jours,
    Grâce à toi j'ai séduit Élise,
Et que je captivai par ton heureux concours
    Le cœur de certaine marquise.

Si ces heures d'amour, ces doux instants d'émoi
    Sont envolés à tire d'aile,
Tu n'en es point la cause, et c'est encore toi
    Qui dans tes vers me les rappelle.

Aussi, bien qu'un grand nom soit certes attrayant,
    Suis ton caprice, ô ma lutine;
Oui, dussé-je enfanter, en te sacrifiant,
    Mieux que la Phèdre de Racine.

LE BAL.

Son enfant, petit ange rose,
Loin des chants et du bruit repose.

. . . .

Heureuse et couverte de fleurs,
Aux salons où l'archet résonne,
Sa mère, si douce et si bonne,
Fait le charme de vingt danseurs ;
Auprès d'elle chacun s'empresse,
Chacun lui demande un regard,
Un mot d'espoir, une promesse,
Et cependant, seul à l'écart....

. . . .

Son enfant, petit ange rose,
Loin des chants et du bruit repose.

Jamais une fête d'hiver

Ne fut plus riante, plus belle,

De bijoux la salle étincelle,

Mille parfums embaument l'air.

A ce bal dont vous êtes reine,

Mère, long-temps vous penserez.

Allez, la valse vous entraîne,

Une autre fois vous veillerez....

. . . .

Au chevet de cet ange rose,

Qui loin de vos baisers repose.

Mais quel est ce sombre danseur,

Qui pas à pas vous suit, Madame,

Dardant sur vous son œil de flamme

Comme un aigle fascinateur?

Déjà deux fois à votre oreille

Sa voix a murmuré bien bas;

L'amour dans votre cœur sommeille,

O mère! ne l'écoutez pas....

. . . .

Songez à ce bel ange rose,
Qui loin de vos baisers repose.

Comme il vous aime votre enfant !
Comme il saute sur votre siége,
Comme ses petits bras de neige
Entourent votre cou charmant !
Hélas ! vous m'entendez à peine,
Sur *lui* vos yeux sont arrêtés.
Il vient près de vous.... son haleine
Effleure vos cheveux.... Partez !

. . . .

Volez près de cet ange rose,
Qui loin de vos baisers repose.

Craignez le sourire infernal
De cet homme au visage blème ;
Il se penche, il vous dit : Je t'aime....
Fuyez, Madame, de ce bal.
Non, cet aveu vous rend heureuse ;
Un soupir vient de l'appuyer.
Il vous parle, et sa voix trompeuse,

Hélas! vous fait même oublier....

. . . .

Votre enfant, petit ange rose,
Qui loin de vos baisers repose.

Il vous presse, et sans refuser,
Dans une valse étourdissante,
Sur votre lèvre frémissante
Vous lui laissez prendre un baiser.....
— Mais tout-à-coup l'archet s'arrête ;
Un cri s'élève, d'où vient-il?
La mère tremblante, inquiète,
Sent le présage d'un péril....

. . . .

Elle songe à cet ange rose,
Qui loin de ses baisers repose.

Les portes s'ouvrent.... Éperdus
Accourent des valets, des femmes ;
« La maison est en proie aux flammes....
— Et mon enfant? — L'enfant n'est plus.
— Mon enfant! Mensonge! mensonge! »

Elle s'élance l'œil hagard....

Heureusement, c'était un songe. -

Elle s'éveille, et du regard....

. . . .

Cherche son petit ange rose,

Qui toujours près d'elle repose.

LE TEMPS.

A Madame J. G.

Vraiment, en ce temps-là, vous étiez adorable,
Madame, on se battait pour arriver à vous;
On célébrait en vers votre âme invulnérable;
On semait sous vos pas et fleurs et billets doux.

Pour être votre amant, on eût été capable
D'aller vous enlever au bras de votre époux;
Un époux cependant est chose redoutable,
Le plus fier Lovelace en craindrait le courroux.

Je vous aimais aussi, mais.... vous étiez si belle!
Je n'avais pas vingt ans, on est timide alors,
Quand la beauté surtout est railleuse et cruelle.

Mais le temps sous sa main flétrit bien des trésors,

Ride plus d'un beau front, calme plus d'une flamme.

— Auprès de votre époux, dormez en paix, Madame.

LE FOU.

LE FILS.

Holà! vite, qu'on m'apprête
Une épée, un bon cheval:
Le sang me monte à la tête,
Je veux être général;
Je veux courir la campagne,
Un mousquet dans chaque main;
En avant, qu'on m'accompagne,
Qu'on vole sur mon chemin.

LA MÈRE.

Calmez ce transport farouche,
Mon fils, pourquoi tant de bruit?
Vous dérangez votre couche,
Vous aurez froid cette nuit.

4

Dormez .... et dans la prairie,

Demain, si le temps est beau,

Nous irons.... Mais, je vous prie,

Rendez-moi donc ce couteau.

LE FILS.

Ecoutez les cris bizarres

Que poussent nos ennemis,

Entendez-vous leurs fanfares,

Alerte.... à moi, mes amis.

Le canon gronde.... la terre,

Sous les pas de leurs coursiers,

Gémit et vole en poussière,

En avant mes cavaliers !

LA MÈRE.

Mon fils, calmez-vous, de grâce,

Tout est tranquille, dormez.

De cavaliers nulle trace,

Tous les verroux sont fermés.

Allons, George, soyez sage,

Laissez tourner mon fuseau,

C'est le soutien du ménage....
Mais, rendez-moi ce couteau.

LE FILS.

Dieu! quelle horrible mêlée!
Quels cris de mort! quel fracas!
Sous la bombe écartelée
Tombent chevaux et soldats.
Notre déroute est complète,
Notre camp est envahi;
Le sang me monte à la tête,
Arrière.... je suis trahi.

Enfant, c'est moi, c'est ta mère,
Disait-elle en reculant;
Mais le fou dans sa colère
Marchait l'œil étincelant.
Ah! pitié, fit-elle, George;
Mais lui, la fièvre au cerveau,
La saisissant à la gorge,
L'éventra de son couteau.

MÉTEMPSYCOSE.

A Madame D. L.

J'ignore ou s en ira mon âme,
Quand la mort viendra me chercher :
Peut-être aux lèvres d'une femme
La pauvrette ira s'attacher ;
Peut-être au sein de cette belle
Timide elle se glissera,
Et dans une prison nouvelle,
Neuf mois elle sommeillera.

Peut-être aussi l'insouciante,
Renonçant à renaître encor,
Voudra-t-elle à l'aube naissante
Se fondre dans un rayon d'or ;
Et vers les cieux, loin de ce monde,

Qui pour elle ne valut rien,
Orner la chevelure blonde
De quelque sylphe aérien.

Mais ici bas, si la volage,
En me quittant devait rester;
Si d'un noble et riche esclavage
Elle voulait se contenter,
Qu'à l'instant, sans regrets, mon âme,
Me donne son dernier baiser;
Et sur vos lèvres, ô madame,
Aille incontinent se poser

A MA JEUNE HOTESSE

Anna-Marie.

Je t'aime, Anna-Marie, et tu ne peux comprendre
Cet amour de passage éclos dans une nuit;
Mais, vois-tu, chère enfant, j'ai l'âme jeune et tendre,
Et tu possèdes, toi, ce qui charme et séduit.

Pourquoi trembler ainsi lorsque tu me regardes?
Pourquoi ces yeux baissés et cette joue en feu?
Pourquoi te mettre ainsi sans cesse sur tes gardes
Comme une vierge émue écoutant un aveu?

Anna, me crois-tu donc venu pour te séduire
Comme ces élégants, cœurs secs et sans amour,
Qui mettent leur orgueil, à briser, à détruire,
Un bonheur de vingt ans dans l'espace d'un jour?

Non, non, détrompe-toi, non, je te trouve belle,

Tu fais battre mon cœur, je t'aime, mes regards

Le disent... mais c'est tout, cette noble étincelle

D'un amour pur et saint me suffit, et... je pars.

Il est au monde, Anna, quelques âmes honnêtes

Qui comprennent l'amour sans la possession,

Pauvres cœurs naufragés, battus par les tempêtes,

Pour qui l'amour charnel est sans séduction.

Ils aiment cependant, mais d'un amour sans flamme,

De cet amour tranquille, aux remords étranger,

De cet amour du beau qui s'adresse à la femme,

Au ciel, aux fleurs, amour qui n'offre aucun danger.

Ah ! si parfois encor de ces âmes souffrantes

S'en viennent comme moi s'asseoir à ton foyer;

Si tu les vois sourire à tes grâces naissantes,

Ne vas pas, chère Anna, fuir ou te récrier.

Par un mot, un regard, tu les rendras heureuses;

Elles n'exigeront rien d'autre de ta part;

A MA JEUNE HOTESSE.

Il faut si peu de chose à ces nobles coureuses !
Une douce parole, une larme au départ.

Demain je reprendrai mon bâton de voyage,
Je quitterai ces lieux, sans regrets, sans désirs,
Sans ce baiser d'adieu, de l'amant seul partage,
Mais riche pour longtemps d'aimables souvenirs.

Et lorsque dans un an à cette même porte,
Je reviendrai frapper, soucieux pèlerin,
Sans doute un jeune amant, un fiancé, n'importe,
Viendra gaîment m'ouvrir son bonnet à la main.

« Salut, me dira-t-il de sa voix rude et franche,
Entrez, vous trouverez du nouveau dans ces lieux :
J'épouse Anne-Marie, on nous unit dimanche,
Vous serez de la noce, on fera de son mieux. »

Et moi, je le suivrai sans joie et sans tristesse,
Essayant de sourire et ne le pouvant pas,
Heureux de ton bonheur, ô ma gentille hôtesse,
Heureux de ton bonheur et soupirant tout bas.

Nous sommes ainsi faits : le bonheur chez les autres,

Éveille dans nos cœurs de pénibles pensers,

En voyant leurs amours, nous revoyons les nôtres,

Nous nous ressouvenons de nos plaisirs passés.

Mai 1847.

IDÉES NOIRES.

La mort, toujours la mort, c'est le cri général,
Le cri poussé de porte en porte,
Cri gonflé de sanglots, cri morne, sépulcral,
Que le funèbre glas apporte
Et répand au milieu d'une fête, d'un bal.

Quatre lettres, pas plus, et cela fait un bruit
Plus retentissant qu'un tonnerre;
Rien de pareil au monde à l'effet qu'il produit;
Il jette un voile sur la terre,
Et d'un jour de soleil fait une sombre nuit.

Ce mot traîne après soi les indigestions,
Les cauchemars épouvantables,
Il projette surtout de lugubres rayons,

Fane les roses sur les tables,
Change un refrain d'amour en lamentations !

Le jour où je compris ce mot froid et glacé,
    J'eus au front ma première ride ;
Tout mon riant passé, tout mon jeune passé .
    Disparut, et, dans mon cœur vide,
Le souci pour toujours se fut bientôt glissé.

Chaque chose à mes yeux prit un aspect nouveau :
    Comme à vingt ans le mot de gloire
Ne fit plus refluer tout mon sang au cerveau.
    Un nom ! Qu'est-ce un nom dans l'histoire,
Quand rien ne doit survivre au-delà du tombeau ?

Que sert de s'appeler César, Napoléon,
    Platon, Jésus-Christ ou Voltaire,
Puisque même l'écho de ce superbe nom
    Ne pénètre point sous la terre
Où votre corps pourrit et se joint au limon.

Que sert aussi d'aimer, d'aimer avec amour
    Une vierge, une jeune femme,
Qu'au bout de quelques ans, amoureuse à son tour,
    La mort hideuse vous réclame,
Sans vous laisser l'espoir de la revoir un jour?

Que sert de caresser le soir sur ses genoux
    Son blond enfant, et l'œil humide,
Former en l'embrassant les rêves les plus doux?
    Lorsque la camarde livide
Prête à vous le ravir se tient derrière vous.

Synonime du vide et du néant, ô Mort,
    Ton nom, des Crésus de ce monde,
Empoisonne la joie, et le forçat qui mord,
    Dans sa rage sa chaîne immonde,
A tes embrassements préfère encor son sort.

Oui, ce noir de la tombe et cet étouffement,
    A six pieds sous le sol l'épouvantent;
En y songeant il tremble, il pâlit, vainement

Chaque jour ses douleurs augmentent,
Il recule devant l'anéantissement......

Souffrir, dit-il, souffrir, mais de l'air, à ce prix
    Que jamais je ne me repose.
Je dirai comme lui, malgré vous, beaux esprits,
    Et malgré toi, métempsycose,
Bien que ton nom m'arrache un crédule souris.

LA PRIÈRE DE SATURNIN.

Depuis que Pâquerette est morte
    Toujours vers les cieux
    Je tourne les yeux
Et je dis : « Mon Dieu, fais en sorte
    Que j'aille bientôt
    Rejoindre là-haut
Pàquerette, ma belle blonde ;
    Pour telle faveur
    J'offre de bon cœur
Tout ce que je possède au monde ;
    Car hélas ! comment
    Veux-tu qu'un amant
Fidèle à sa jeune maitresse
    Puisse demeurer
    Loin d'elle et pleurer.......

Ah ! prends pitié de ma détresse !

    C'était mon soleil,

    Mon joyeux réveil,

Ma brise fraîche, ma rosée !

    Allons, dis un mot,

    Que j'aille aussitôt

Près de ma gentille épousée ;

    Nous n'avons besoin

    Que d'un petit coin

Bien loin derrière tes apôtres ;

    Et tu souriras

    Quand tu m'entendras

Chanter plus haut que tous les autres :

    Vive le seigneur !

    Grâce à lui mon cœur

Désormais plus rien ne regrette,

    Et dans l'avenir

    Je veux le bénir

Et l'aimer comme Pâquerette. »

AU CLAIR DE LA LUNE.

Au clair de la lune
J'ai vu Jean Colas
Avec une brune
Pendue à son bras;
Je crus reconnaître
La femme à Lubin;
Ah ! le vilain traître !
Tromper un voisin !

Au clair de la lune
Qui promène encor?
Qui cherche fortune
Lorsque chacun dort?
Quoi ! par Saint-Pancrace !
Madame Colas

Que Lubin embrasse
A grand tour de bras.

Au clair de la lune,
Le meunier Lubin,
Sans doutance aucune,
Grimpe à son moulin
Suivi de sa belle
Qui soupire bas :
J'ai frayeur mortelle
De monsieur Colas !

Au clair de la lune
Colas à son tour
Monte avec sa brune
L'échelle d'amour ;
Moi-même à la douce
Je suis les époux,
Et riant, je pousse
Sur eux les verroux.

LE PRÉCEPTE ET L'EXEMPLE.

Digne apôtre de l'abstinence,
Vous qui me faites le tableau
Des bienfaits de la tempérance
Et de l'usage sain de l'eau,
Hélas! comment puis-je vous croire,
Vous qu'à table on a vu cent fois
Des moines fameux dans l'histoire
Surpasser les brillants exploits.

Anathématisant les femmes,
De l'ange ce pur idéal,
Vous les vouez toutes aux flammes
Dans votre courroux virginal!
Juste ciel! abbé, prenez garde
Peut-être à la porte, sans bruit,

Jeanne vous écoute et vous garde
Une dent la prochaine nuit.

Pour vous les trésors de ce monde
Sans la charité ne sont rien ;
Vous dites : « Que le ciel confonde
Le riche avare de son bien. »
Pourquoi donc, de ce prenant note,
Aux pauvres n'avoir point donné
Cet héritage de dévote
A votre profit détourné ?

Enfin, des puissants de la terre
Plaignant l'orgueil et la fierté,
Au nom du divin prolétaire
Vous nous prêchez l'humilité :
Cependant, grace à l'influence
De vos pareils, assure-t-on,
Nos faibles monarques, en France,
N'en ont trop souvent que le nom.

D'enseigner la morale aux autres

Il est facile assurément;

Mais ce n'est point tout d'être apôtres

Et de parler éloquemment;

Il faut, pour faire des adeptes,

Agir et parler de concert,

Joindre enfin l'exemple aux préceptes,

Sauf à prêcher dans le désert.

SOUVENIRS.

A MON AMI THÉODORE F.

Je ne sais, mon ami, s'il vous souvient encor
De ces projets d'enfant, doux rêves de collége,
Que nous formions ensemble, en prenant notre essor
Loin d'un livre ennuyeux, d'un devoir qu'on abrége
Pour s'envoler aux champs comme de vrais oiseaux.
Vous aimiez Béranger comme tout Français l'aime,
Et vous me répétiez ses chants toujours nouveaux ;
Je vous suivais de près et souvent de moi-même
Je reprenais en chœur votre joyeux refrain.
Puis, c'était à mon tour à tirer de mes poches
Gauthier, Musset, Hugo, ce précieux écrin
Que je n'osais ouvrir qu'à l'abri des reproches
Avec vous, en plein air, en face du soleil,
Loin du regard vitreux d'un pédant ridicule.

Libres dans notre choix nous ne prenions conseil
Ni d'un classique outré, vieil et sot incrédule,
Ni d'un chaud romantique au cerveau détraqué ;
Le cœur seul nous guidait et c'était un bon guide.
Si parfois l'un de nous d'un mot était choqué,
Si quelqu'expression trop vive, trop rapide
Semblait vouloir nous fuir, nous nous aidions du cœur :
L'un disait sa pensée et l'autre de la sienne
Venait la compléter souvent avec bonheur.
Oh ! que de fois alors, ami, qu'il vous souvienne,
Que de fois ce mot vague étrange, harmonieux,
Ce mot de gloire enfin se glissa sur nos lèvres !
Il nous semblait ouïr une voix dans les cieux,
Nous sentions le génie et ses brûlantes fièvres,
Notre œil étincelant plongeait dans l'infini
Nos pensers s'élevaient à des hauteurs suprêmes,
L'auréole planait sur notre front bruni ;
Et nous improvisions sans le savoir nous-mêmes....
En nous voyant ainsi marcher un livre en main,
Reculer, avancer, gesticuler sans cesse,
Jeter autour de nous un regard incertain,
Sans doute les passants nous accusaient d'ivresse

Ou bien haussaient l'épaule et nous traitaient de fous !

Et pourtant, Dieu le sait, cette sainte folie

Depuis ces temps heureux que de fois à genoux

L'avons-nous évoquée ! Ah ! que serait la vie

Sans ces illusions, notre unique soutien,

Qui nous la font aimer ou supporter en somme,

Sans ces illusions qui nous font croire au bien,

A l'amour de la femme, à l'amitié de l'homme,

Aux anges, aux péris, à l'immortalité !

Comme elles remplissaient notre cœur de gaîté !

Comme elles parsemaient notre avenir de roses !

Travailler, acquérir un nom par ses écrits

Nous paraissait alors la plus simple des choses ;

Le monde était pour nous quelques nobles esprits....

Nous ne connaissions pas ce gouffre que l'on nomme

Paris, où chacun plane et tombe tour-à-tour ;

Paris, ogre affamé qui seul, hélas ! consomme

Plus de célébrités dans l'espace d'un jour

Que l'univers entier dans le cours d'une année.

Dans dix ans, disions-nous, si nous avons produit

Une œuvre de mérite à vivre destinée

De quel vol empressé, fatigués de la nuit

Irons-nous nous baigner dans ces flots de lumière
Qu'attire le génie aussitôt qu'il paraît;
La foule aura pour nous un doux accueil de mère,
Et pour nous recevoir son giron sera prêt.
Guidés par ses conseils, chaque jour notre plume
Au papier jettera de plus mâles pensées;
Après avoir chanté l'amour dans un volume
Rempli de jeunes vers élégamment tracés,
Nous tournerons les yeux vers la philosophie :
Nous en rechercherons les nobles vérités,
Nous chanterons ce Dieu que chacun glorifie,
Défendant en son nom les sages libertés,
Apportant nos tributs au bien-être du monde,
Aux faibles quels qu'ils soient offrant notre secours.
Puis nous disions encor (car quelle tête blonde
N'entrevoit à seize ans d'idéales amours!)
Nous disions que peut-être une divine amie
Comme en rêvaient Pétrarque et le Dante pourrait,
Assurant notre plume encor mal affermie,
D'un chef-d'œuvre nouveau nous donner le secret;
Dans les yeux d'une femme on lit tant de merveilles,
De son charmant sourire émanent dans nos cœurs

Tant d'inspirations ! De ses lèvres vermeilles
S'échappent tant de mots célestes, enchanteurs !
Le poëte souvent près de celle qu'il aime
Dans un baiser brûlant, un serrement de mains,
Un soupir étouffé, trouve tout un poëme
Qu'il eût en vain cherché seul le long des chemins.
Puis la femme de cœur est si bonne, si tendre !
Si riche d'indulgence ! Elle comprend si bien
Ce que l'homme ne veut ou ne saurait comprendre !
Si doux est son accueil ! si puissant son soutien !

Le luxe n'avait point pour nous un grand prestige :
Nous ne souhaitions pas pour demeure un palais,
Mais un coquet boudoir où le plaisir voltige,
Où le bien-être et l'art se trouvent rassemblés ;
Un chien surtout, un chien bien grand, aux longues soies,
Terre-Neuve au regard franc comme nos regards,
Témoin de nos douleurs, compagnon de nos joies.
Puis quelques oiselets gentils et babillards,
Une table modeste et cependant choisie,
Des bronzes, des cristaux élégamment taillés ;
Enfin quelques vins vieux de France et d'Italie.

O rêves du jeune âge! ô désenchantement!

Dix ans depuis, dix ans ont passé sur nos têtes:
Nos projets avec eux se sont tous envolés!
Seuls, les déceptions, les soucis, les tempêtes
Ont marqué leur passage en nos cœurs désolés!
L'illusion, ami, cette blanche infidèle
Vers d'autres jeunes cœurs a déployé son aile,
Et nous, nous ses amants autrefois les plus chers,
Elle nous abandonne à nos regrets amers;
Celle qui maintenant en tout lieu doit nous suivre,
L'amante avec laquelle il faut coucher et vivre,
C'est cette femme pâle, au regard attristé,
Compagne de la mort, c'est la réalité!
Non, non, plus de lauriers, plus de nobles conquêtes:
C'est de cyprès, ami, qu'il faut parer nos têtes;
C'est au néant qu'il faut ramener nos esprits,
Car on est mort au monde alors qu'il est compris.
Au fond de quelque ville aux cancans asservie
Nous voyons un par un s'écouler tous nos jours,
Sans que l'un plus que l'autre amène en notre vie
Le moindre changement! Ah! qu'ils suivent leur cours

Comme au flanc du rocher l'eau goutte à goutte tombe

Restons à l'ombre, ami : peut-être que le sort

Nous destine au foyer; et lorsque vers la tombe

Nous pencherons le front, pour accueillir la mort

Nous trouverons au moins quelques douces paroles.

N'ayant jamais du monde attiré les regards,

Pour nous seuls ici-bas ayant aimé les arts,

Chez nous sans nul regret la mort sera reçue

Sans appeler la foule à notre tribunal,

Sans proférer ce cri d'ambition déçue

Que lui jeta Gilbert du fond d'un hôpital...

Ou plutôt non.... laissons toute noble pensée,

Laissons là tout travail, car le travail, vois-tu,

Sans la gloire est toujours une chose insensée.

D'une louange, ami, naît souvent la vertu;

D'un encouragement naît une œuvre immortelle :

Mais quand il faut pour soi, pour soi, comprends-le bien,

Travailler, assouplir une plume rebelle,

Écrire avec le cœur un livre, son seul bien,

Et puis sur sa poitrine avec soi dans la terre

Ensevelir ce livre et le jeter aux vers

Sans qu'un lecteur ami, le soir avec mystère,

N'ait mouillé de ses pleurs ses feuillets entr'ouverts,

Sans que l'on ait au moins une vague espérance

Qu'avec ces ossements tout n'est pas enfoui,

Et que grâce à ce livre, enfant plein d'existence,

Son nom à tout jamais n'est pas évanoui;

Mieux vaut, mieux vaut alors vivre de cette vie

Turbulente et féconde en plaisirs variés;

S'enivrer aux banquets où l'amour nous convie,

Se couronner de fleurs et les fouler aux piés;

Ne prendre aucune part aux bruits de la tribune;

Voir le verre à la main s'écrouler les états,

N'avoir d'autres soucis que ceux de sa fortune;

Et quand parle le cœur ne lui répondre pas.

Puis si nous vieillissons avant l'heure venue,

Siècle, nous te dirons : La faute en est à toi;

Oui, c'est toi seul qui rends notre tête chenue,

Qui courbes notre front alors que pleins de foi,

Poëtes à l'œil vif, à la joue empourprée,

Nous devrions sourire à la voûte azurée;

Oui, c'est toi qui nous fait, siècle, jeunes encor,

Eprouver de la vie un dégoût véritable;

Sacrifier du cœur le céleste trésor

Aux voluptés d'un lit, aux douceurs d'une table ;

A vingt ans, grâce à toi ne croyant plus à rien,

Nous n'avons plus d'espoir dans l'amour de la femme ;

Nous discutons sur Dieu, nous nions jusqu'à l'âme...

Mais pourquoi l'accuser !... ne savons-nous pas bien

Que ce n'est après tout que la force des choses ;

En peux-tu si le monde est grave et va rêvant ?

Si la froide raison qui nous pousse en avant

Sans cesse nous fait voir le ver au sein des roses ;

De toute illusion dépouille la beauté,

S'ouvre par la pensée une route inconnue,

Et si, loin d'égarer notre esprit dans la nue,

Elle nous fait du doigt toucher la vérité ?

L'ABBÉ GIROUX.

Qu'est devenu l'abbé Giroux,
    Ce joyeux pasteur d'âmes,
Discret confident des époux,
    Caprice de leurs femmes ?
Indociles ou repentants,
Il renvoyait ses pénitents
    Contents.
Oh ! oh ! oh ! oh !... ah ! ah ! ah ! ah !
    Quel gentil abbé c'était là !
      La la.

Fredonnant sans cesse un motet,
    Jamais triste ou morose,
A celle qui le visitait
    S'il offrait une rose,

Il profitait de ce moment

Pour lui glisser un compliment

Charmant.

Oh ! oh ! oh ! oh !... ah ! ah ! ah ! ah !

Quel gentil abbé c'était là !

La la.

On dit qu'il se fardait un peu,

Laissons dire le monde ;

Ne parlons que de son œil bleu,

De cette jambe ronde,

Qu'en passant auprès du lavoir,

Il laissait, non sans le savoir,

Trop voir.

Oh ! oh ! oh ! oh !... ah ! ah ! ah ! ah !

Quel gentil abbé c'était là !

La la.

Chez un baron de ses amis,

Grâce à sa large manche,

Son couvert était toujours mis

La veille du dimanche ;

Et le soleil en se levant

Le retrouvait, dit-on, souvent

Buvant.

Oh ! oh ! oh ! oh !.... ah! ah! ah! ah!

Quel gentil abbé c'était là!

La la.

Toujours au maître de maison,

Noble et sage tactique,

Le digne abbé donnait raison;

Et pour la politique

Il n'en conversait qu'à regret,

Et sur tout point il se montrait

Discret.

Oh ! oh ! oh ! oh !... ah! ah! ah! ah.

Quel gentil abbé c'était là !

La la.

Trop indulgent en fait d'amour,

Sans rien vouloir entendre,

Il pardonnait..... mais en retour

De ce pardon si tendre.

Par l'amant et par la beauté,

En tous lieux il était vanté,

Fêté.

Oh ! oh ! oh ! oh !... ah ! ah ! ah ! ah !

Quel gentil abbé c'était là !

La la.

Il partit une belle nuit

· Sans tambour ni trompette ;

Les commères firent grand bruit,

Et depuis on répète

Qu'il promène en pays lointain

La fille du vieux sacristain

Frontin.

Oh ! oh ! oh ! oh !... ah ! ah ! ah ! ah !

Quel gentil abbé c'était là !

La la.

A MANON.

Manon, faites-moi donc des vers,
J'aurai pour vous de l'indulgence ;
Et je vous pardonne d'avance
Ceux que vous ferez de travers.
Il faut un sujet, c'est l'usage :
A la fenêtre, asseyez-vous,
Et sans rechercher écrivez-nous
Ce qui vous charme davantage.
Est-ce le ciel ? les champs ? ces fleurs
Que le vent mollement balance ?
Cet oiseau léger qui s'élance,
Modulant des sons enchanteurs ?
Est-ce cette verte colline,
Où scintillent mille rubis ?
Ce berger, ces blanches brebis,

Cette humble et gentille chaumine ;
Ou sur le bord de ce ruisseau ,
Ces enfants, riantes figures,
Ames innocentes et pures,
Laissant pendre leurs pieds dans l'eau
Tout en tressant la marguerite ?
Age heureux, âge insouciant,
Où les jours passent en chantant !
Voyez plus loin cet autre site,
Digne en tout point d'être décrit :
N'aimez-vous pas, Manon, ma belle,
Ces vieux pignons, cette tourelle,
Ces murs plus noirs qu'un manuscrit,
Tristes ruines d'un autre âge ,
Où le hibou tient son ménage !
N'aimez-vous pas sur ces vitraux
Ce pâle soleil qui se joue ?
Dirait-on pas qu'il fait la moue
A tous ces pauvres oripeaux :
Souvenirs qu'à tort on méprise,
Débris d'un siècle aimant, coquet,
Où la nature suffoquait

Sous les paniers d'une marquise !

Mais quoi ! vous ne m'écoutez pas,

Manette ? pourquoi ce sourire ?

Ce que je dis vous fait-il rire ?

Que regardez-vous donc en bas ?

Un jeune homme, une jeune fille,

Qui tous les deux vont devisant ;

Cela vous paraît amusant.....

Je vous entends, ô ma gentille.

Comme ils s'aiment ! me dites-vous ;

Voilà la seule poésie

Que je comprenne dans la vie.

Quoi de plus frais ! quoi de plus doux

Que cet amant près de sa belle !

Le ciel brille moins que leurs yeux ;

Les oiseaux gazouillent-ils mieux ?

— Je vous entends, ô ma cruelle,

Mieux, selon vous, mieux vaut s'aimer

Que perdre son temps à rimer.

L'INSOUCIANCE DU POÈTE.

Comme l'oiseau qui sent l'approche de l'orage
S'abrite sous un arbre et cesse de chanter,
Ainsi, triste, à l'écart, je cesse tout ramage,
Épiant l'ouragan qui pourrait m'emporter.

Que d'autres moins craintifs affrontent la tempête,
Moi j'en ai peur, hélas ! et je me fais petit,
Afin que dans sa course elle épargne ma tête
Et glisse doucement au-dessus de mon nid.

Le bruit me fait pâlir, le tumulte m'effraie :
A d'autres les combats, à d'autres les lauriers ;
Mais à moi de cueillir l'aubépine à la haie,
En folâtrant le soir à travers les sentiers.

7

A d'autres de vanter la patrie et ses charmes,
De l'orner à l'envi des plus brillants atours,
De quitter mère, amie, et de courir aux armes
Pour défendre d'un sol les sinueux contours.

La patrie est pour moi celle des hirondelles,
Le monde en son entier sans règle ni compas :
Dieu, pour le parcourir, nous a créés comme elles,
Et notre seul orgueil limite des états.

La patrie est un mot. La commune patrie
C'est la belle nature ; elle est où sont les fleurs,
L'amour, la poésie ; elle est en Italie,
En Espagne, partout, en France comme ailleurs.

Ah ! pourquoi perdre ainsi les jours de sa jeunesse
A venger un affront, à soutenir un bras,
Quand on peut s'endormir au sein de sa maîtresse,
Quand le soleil de mai sourit à nos ébats ?

La liberté pour moi n'est pas ce que l'on pense :
La liberté pour moi c'est de courir les champs,

De fouler le gazon, de conduire une danse,
Et de remplir les airs de rires et de chants.

Et peu m'importe après qui ceindra la couronne !
Aurai-je moins le droit de cueillir une fleur ?
D'écouter dans les bois l'oiselet qui chansonne ?
Serai-je pas toujours le maître de mon cœur ?

Et si longtemps encor devait gronder l'orage,
Pourrai-je pas toujours abandonner ces lieux ?
Et reprenant en main mon bâton de voyage,
Suivre la liberté d'un pied leste et joyeux ?

Le toit que l'on bâtit, le verger que l'on plante,
Sans doute ont des attraits : je ne les connais pas ;
Seule, la liberté peut sous sa noble tente
Enchaîner sans regrets et mon cœur et mes pas.

Mai 1850.

A UNE FLEUR.

Gentille fleur que mon amie

Cueillit, sur le bord d'un ruisseau,

Vous regrettez, ô ma jolie,

Vos bois et votre filet d'eau;

Vous regrettez son doux murmure,

Ses petits cailloux argentés,

Et ses gazons et sa verdure,

Que sais-je encor.... vous regrettez

Vos compagnes que sur la rive

Effleure le zéphir jaloux;

Quelque timide sensitive

Qui se meurt d'ennui loin de vous.

Là vous viviez, perle inconnue,

Et l'oiseau seul en se baignant

Vous contemplait fraîche venue

Et soupirait en s'éloignant;
Là vous vous banlanciez coquette
Cherchant un rayon de soleil;
Là vous écoutiez la fauvette
Modulant le chant du réveil;
Là des fleurs vous étiez la reine,
Et la brise en vous carressant
Emportait au loin votre haleine
Fière de son vol innocent.

Votre beauté vous a perdue;
Beauté souvent porta malheur:
On cueille la rose ingénue
Et l'on fuit le chardon moqueur.
Ah! que ne vous a-t-on laissée
A vos plaisirs, à vos amours!
Déjà vous penchez affaissée....
Et le soleil brille toujours,
Et la fauvette chante encore,
Et le ruisseau va murmurant:
Où donc est celle que l'aurore
Cherchait des yeux en se levant?
Là-bas quelque tapis de mousse

·   A UNE FLEUR.

Vous eut conservé la fraîcheur,

Votre mort eut été plus douce,

Et peut-être qu'une autre fleur

Eut répandu sur votre cendre

Ses parfums les plus précieux,

Quelque plainte timide et tendre,

Quelque larme, présent des Cieux.

JOUISSONS DU PRÉSENT.

Quand nous aurons vécu tous nos jours de misère,
Quand nous commencerons à sentir vers la terre
      Notre front lourd qui penchera ;
Quand notre corps, débile et voûté comme un saule,
De ses deux faibles mains sur une jeune épaule
      De tout son poids s'affaissera ;

Combien tout le passé semblera peu de choses
A nous qui maintenant foulons aux pieds les roses,
      Qui chantons l'amour et le vin !
Nos enfants souriront en écoutant la vie
De ceux qui la croyaient comme eux douce et fleurie,
      Car ils seront à leur matin ;

Car ils auront encor de brillantes années,

De longues nuits d'ivresse et de longues journées
Qui ne doivent jamais finir.
Et si nous leur disons : Agissez de la sorte,
Ménagez vos beaux jours; ils répondront : Qu'importe !
Laissez-nous gérer l'avenir.

Que sert de nous vieillir à rechercher les causes ?
Nous ne voulons point voir le squelette des choses
Que vous brûlez de nous montrer;
Nous voulons rejeter toute pensée amère;
Si vous aimez la nuit nous aimons la lumière,
Et libre à nous de préférer.

Aussi nous resterons toujours ce que nous sommes :
Jeunes nous méprisons la parole des hommes
Qui nous précédaient ici-bas,
Et vieux à notre tour, quand pleins d'expérience
Nous voudrons aux enfants enseigner la prudence,
Les enfants n'écouteront pas.

Laissons donc les soucis... et puisque sur la terre

Notre rôle est celui de l'insecte éphémère

    Qui naît pour vivre et pour mourir,

Demandons au plaisir l'oubli de nos faiblesses,

Rions des mauvais jours, dépensons nos richesses,

    Surtout gardons-nous d'enfouir.

Nos héritiers riraient de notre bonhomie,

Ils jetteraient au vent dans un jour de folie

    Les trésors amassés pour eux ;

Et notre souvenir devenu ridicule,

Dans leurs banquets du soir où l'ivresse circule,

    Nourrirait leurs propos joyeux.

SONNET GROTESQUE.

Oui, Rosalba, je t'aime épouvantablement.
Oui, rien qu'au seul contact de ton regard de braise
Je sens de mon amour s'allumer la fournaise ;
Mes membres sont saisis d'un fiévreux tremblement.

Qu'un autre à ton aspect se posant carrément
Affute son binocle et te lorgne à son aise ;
Moi, je ferme les yeux, plus rouge qu'une fraise,
Et j'allonge le cou mélancoliquement.

Souvent même il arrive, ô beauté gigantesque,
Qu'assis auprès de toi, me sentant défaillir,
J'abaisse le regard sur ton flacon mauresque ;

Et prêt d'y respirer le vital elixir,

Je m'éloigne... craignant dans mon trouble suprême

D'avaler l'élixir et...... le flacon lui-même.

VERS

écrits à la dérobée sur l'album d'une belle
et méchante créature.

Jolie ! et rien de plus. C'est ma foi peu de chose.
Mieux vaut un tendre cœur et de moins blanches dents;
Mieux vaut un tendre cœur et visage moins rose;
Mieux vaut un tendre cœur et des yeux moins ardents.

LA BONBONNIÈRE.

Salut, charmante bonbonnière,
Où je puisai plus d'une fois
Des bonbons qu'une main légère
Venait m'offrir en tapinois :
Salut, votre écaille brillante
Dont l'or rehausse le contour
Rappelle à mon âme souffrante
Des souvenirs riches d'amour.
Jadis, dans votre sein, mignonne,
Que de billets frais et rosés
Glissèrent de ma main friponne
Encore humides de baisers !
Que de fois à votre maîtresse
J'essayai de vous dérober,
Et que de fois avec adresse

Ses doigts vous laissèrent tomber.

Souvent, le soir, sur vous sa bouche

Se posait rêveuse et sans bruit,

Et sur l'oreiller de sa couche

Vous dormîtes plus d'une nuit.

Alors, si j'ai bonne mémoire,

Grâce à vous j'étais tout-puissant,

Vos jours de bonheur et de gloire

Furent les miens.... Mais à présent !

A présent, brune de poussière,

Au fond d'un meuble, dans l'oubli,

Vous vieillissez ; et moi, ma chère,

Je ne vieillis plus, j'ai veilli ;

Et si, parfois, ma main tremblante

Vous arrache à votre séjour,

Si quelque larme encor brûlante

Tombe sur vous.... c'est sans amour.

Sans amour ! non, c'est un mensonge,

Car il me semble, en vous voyant,

Que le passé doit être un songe ;

Et souvent encore, en riant,

Comme un amant qui craint et n'ose,

Entre deux bonbons parfumés,
Je crois glisser un billet rose
Semblable à ceux des jours aimés.

FANTAISIE.

Tu t'en retournes en Espagne,
Tu vas revoir ton paradis,
Heureuse enfant, Dieu t'acompagne !
Moi je reste en mon froid pays ;
Je reste dans ma vieille Flandre,
Mais pourtant avant d'y mourir
J'espère un jour t'aller surprendre
Sur les bords du Guadalquivir.

Dans le court printemps de ma vie
Tu m'as donné quelques beaux jours.
Blanche, ma belle, sois bénie,
Va, je m'en souviendrai toujours ;
Car dans notre morne existence
Pénètre si peu de soleil

Que notre cœur a souvenance
Du plus petit rayon vermeil.

On te dira là-bas sans doute
Ce que souvent je te disais :
Que tu mettrais tout en déroute
Au ciel un jour si tu montais.
Ah ! ce n'est pas, je te l'avoue,
Qu'il n'en soit d'aussi bien que toi ;
D'autres même ont plus fraîche joue,
Plus blanche peau ; mais, par ma foi....

Rien n'est parfait dans ce bas monde !
Et Dieu pour toi s'est mis en frais ;
Crois-moi, plus d'une jeune blonde
Porte envie à tes bras dorés,
Et tout en rougissant admire
Ta folle et bruyante gaîté,
Ton diabolique sourire,
Ton petit poing rond au côté.

D'autres ont la taille mieux faite ;

8

Mais sauraient-elles comme toi

Animer un bal, une fête,

Et dérider le front d'un roi ?

Des jaloux blâmeront encore

Ton air moqueur et sans façon....

Quant à moi, je sais que j'adore

La fossette de ton menton.

J'adore cette insouciance

Qui souvent me laisse entrevoir

De ton sein la magnificence,

Faute d'épingle à ton mouchoir ;

J'adore tes yeux en amande

Qui se meurent si joliment

Sous leurs longs cils, qu'on se demande

Si tu vas trépasser vraiment.

Tu pars et jamais plus ta lèvre,

Qui du corail à la couleur,

De mon front écartant la fièvre

N'y ramènera la fraîcheur ;

Non, ta bouche capricieuse

Préfère la rose aux soucis,
A de tels baisers la rieuse
Craindrait de perdre son souris.

Eh bien ! adieu, brune coquette,
Longtemps encor le souvenir
De ta voix si douce et fluette
Me fera soudain tressaillir ;
Adieu, va de tes mains mignonnes
Avec un plus gai compagnon
Tresser au loin d'autres couronnes
En fredonnant une chanson.

Ces vers tracés à la légère
Sont l'enveloppe d'un bijou,
D'une chaînette que j'espère
Tu daigneras porter au cou;
Quant aux vers, charmante linotte,
Si bon te semble, garde-les,
Ou fais-en quelque papillotte
Comme jadis de mes sonnets.

Juin 1847.

LE MAITRE D'ÉCOLE.

Voici ce que disait
Mon vieux maître d'école
Quand le soir il causait
Me tenant, jeune drôle,
Entre ses deux genoux :
Je crois que le bonhomme
Raisonnait bien en somme.
Amis, jugez-en tous.

Sort ou divinité
Je ne sais quoi sur terre,
Mon enfant, t'a jeté ;
Cet étrange mystère
Ne doit point t'affliger ;
Tu vis : voilà la chose ;

Mais quelle en est la cause?
A d'autres d'y songer.

A d'autres de pâlir
Nuit et jour sur un livre;
Que sert d'approfondir
Quand on doit si peu vivre?
Mieux vaut dans le sentier
Suivre une jeune fille
Lorsque le soleil brille,
Quand fleurit l'églantier.

Travaille et de tout cœur
Aime ta ménagère;
Mais si l'hymen trompeur
D'une épouse légère
Te dotait méchamment,
Vole sous la tonnelle
Aux bras d'une autre belle
Oublier ton tourment.

A ton voisin l'honneur

De porter la livrée
Du monarque en faveur;
Car fût-elle dorée,
Donnât-elle crédit,
Gloire et toute puissance,
On n'est pas moins, je pense,
Valet grand ou petit.

Surtout sois généreux,
Et que dans ta demeure,
Proscrit ou malheureux,
Le génie à toute heure
Reçoive un doux accueil :
Mais que le parasite,
Le sot et l'hypocrite
N'en souillent point le seuil.

Voilà ce que disait
Mon vieux maître d'école
Quand le soir il causait
Me tenant, jeune drôle,
Entre ses deux genoux ;

Je crois que le bonhomme

Raisonnait bien en somme :

Amis, qu'en pensez-vous ?

LE VAGABOND.

« J'ai tout vendu pour parer ma maîtresse,
J'ai tout donné jusqu'à mon dernier sou ;
Et maintenant, pour prix de ma faiblesse,
L'ingrate enfant sans pitié me délaisse,
    Et seul au fond d'un trou
J'attends la mort comme un pauvre hibou.

» Ah ! vous pouvez rire de ma misère ;
Car maintenant, si j'en subis les lois,
C'est qu'altéré des plaisirs de la terre
J'ai d'un seul trait voulu vider mon verre,
    Pour me dire une fois :
J'aurai vécu comme vivent les rois !

» Songe brillant ! réalité funeste !

J'eus un palais et j'habite un réduit.

Mais, vive Dieu ! de cette heure céleste

Le souvenir comme un parfum me reste,

    Et souvent dans la nuit

De chants lointains j'entends encor le bruit.

» J'entends encor les folles ritournelles,

Les gais propos de mes joyeux buveurs ;

J'entends encor mêlés à leurs querelles .

Les cris, les pleurs, les rires de nos belles,

    Les bruyantes clameurs

Qu'un dé perfide arrache à nos joueurs.

» Puis c'est ta voix, ô beauté mensongère,

Ta voix, qui vient me railler à son tour :

J'entends encor. de ta lèvre légère

Tomber l'aveu d'une flamme éphémère

    Qui disparut le jour

Où l'or manqua pour payer ton amour.

» Hélas ! pourquoi de ton nom, Marguerite,

Ne puis-je point chasser le souvenir ?

D'autres diraient : Sois à jamais maudite.

Mais du passé, moi, je te tiendrais quitte

    Rien que pour un soupir,

Un doux regard, un mot de repentir. »

Ainsi chantait sur une sombre gamme

Un mendiant, un noble vagabond,

Il finissait... quand une voix de femme

Frappe soudain son oreille et son âme.

    Il relève le front

Et dans la rue il s'élance d'un bond.

Là dans un char, il voit sa Marguerite

Que deux coursiers entraînaient à grands pas.

Vers elle il court, vole, se précipite....

A son aspect tout d'abord elle hésite,

    Puis, riant aux éclats :

« Cet homme est fou, je ne le connais pas! »

— « Vraiment, dit-il, en déguisant sa rage,

Je veux pour lors te faire un don si beau

Qu'à moi longtemps tu penseras! je gage. »

Et se hissant il la mord au visage

    En arrache un lambeau,

Puis sous le char roule et trouve un tombeau.

LE RIRE DU PAUVRE.

Vends-moi, gai ramoneur,
Vends-moi ta belle humeur,
Et, foi de gentilhomme !
Je te baille une somme
Et te fais mon piqueur ;
Vends-moi ton joyeux rire,
Rire que je n'ai plus,
Et je remplis d'écus
Ta noire tirelire.

LE RAMONEUR.

Si vous ne possédez
Ce que vous demandez,
Hélas ! comment l'aurais-je
Sans quelque sortilége ?

9..

Monseigneur, répondez ;

Car, sachez-le, ce rire

Que vous estimez tant

Aux yeux cache souvent

La fièvre et le délire.

Lorsque du haut des toits

Je chante par trois fois

Le refrain qui vous charme,

Plus d'une grosse larme

Vient étouffer ma voix,

Et plongés dans l'espace

Mes regards désolés

Parmi tant de palais

Cherchent en vain ma place.

Dans le monde on convient

Que le rire appartient

A notre pauvre espèce,

Qu'à défaut de richesse

La gaité nous revient ;

Par ce don la nature,

Disent les potentats,

Dè nos maux ici-bas

Nous paie avec usure.

Combien pourtant comme eux

Sommes-nous désireux

De fortune et de gloire !

Sous notre face noire

Bat un cœur généreux,

Qui d'une noble flamme

Saurait sentir le prix....

Sans être beaux-esprits

On peut avoir de l'âme.

LE GENTILHOMME.

Je comprends ton tourment;

Mais tes larmes, enfant,

La gaîté les essuie ;

Moi... toujours je m'ennuie !

LE RAMONEUR.

Si vous saviez pourtant

Ce qu'un rire nous coûte!

Pour ne rire jamais

Vous donneriez sans doute

Plus que votre palais.

LES PANTINS LILLOIS.

Il est dans notre ville un monde d'élégants
Plus rompus au calcul que ferrés sur l'histoire,
Jeunes fats ignorants, dont l'innocente gloire
Est de porter un col et de mettre des gants,
De produire à grand bruit leur personne au théâtre,
De prendre à tout venant des airs de gentillâtre;
D'exhiber avant tous un vêtement nouveau
Et d'outrer à dessein la forme d'un chapeau.
Ils savent dans les yeux regarder une femme,
En Don Juans blasés lui débiter leur flamme,
Faire sonner bien haut l'argent qu'ils ont, ou non,
Gagné dans un café, perdu dans un salon;
Ils savent à cheval se faire une tournure,
Tourmenter, caresser à-propos leur monture,
Heureux quand, aux vitraux de quelque magasin,

Ils ont cru deviner un minois féminin,
Entrevu par hasard une blanche cornette
Ou reconnu de loin le pas d'une grisette.
Alors l'éperon joue, et les pas de côté
Font l'admiration du passant arrêté.
Partout nous les voyons, malgré leur ridicule,
Tenir du monde aisé le sceptre et la férule,
Partout choyés, fêtés, un geste d'eux fait loi,
Et leurs moindres propos sont articles de foi;
S'ils parlent, on se tait, on applaudit d'avance,
On cherche de l'esprit même dans leur silence,
On épie avec soin leurs clignotements d'yeux,
Jusqu'à leurs bâillements qu'on croit malicieux.

Les voyez-vous le soir, assis sur des causeuses,
Sourire et babiller auprès de nos danseuses?
Montrer du doigt, du geste un ruban chiffonné,
Rire, en se renversant, d'un habit mal tourné,
Et, fiers de leurs lazzis, caresser leur moustache,
Ne sachant point, niais, ce que l'habit leur cache?
Encor, ces traits moqueurs que l'on trouve jolis
Dans les auteurs du jour les ont-ils recueillis;

C'est souvent un salmis d'expressions grivoises
Qui plaisent par leur tour à nos jeunes bourgeoises.
Mais d'un air sérieux accueillez leurs propos,
Dispensez-vous de rire, ils en demeurent sots :
Votre ton glacial leur coupe la porole.

Et voilà les *pantins* dont la femme raffole ;
Dont le mari s'amuse, — à ses dépens parfois.
Mais de la mode aussi ne sont-ils pas les rois ?
Ne leur devons-nous rien pour ces nœuds de cravate,
Pour ces gilets coquets où le faux goût éclate,
Ces habits élégants, ces coupes de cheveux
Que jamais, disent-ils, on n'eût trouvés sans eux :
Ils sont bêtes, c'est vrai, mais... sauriez-vous mieux dire
Le calembourg épais qui provoque le rire ?
Sauriez-vous mieux jaser, tourner un impromptu,
Parler femmes, chevaux, voire même vertu ?
Car ils parlent de tout, et leur fausse assurance
En impose parfois aux gens de la science.

Mais de tous ces pantins, ceux dont je ris le plus
Ce sont les vrais pantins, les pantins parvenus....

Avouons-le, ceux-là sont de la pire espèce,
Car il leur manque tout : bourgeoisie et noblesse.
Enfants; pour la plupart, d'ouvriers enrichis,
Ils portent haut la tête et posent en marquis;
Pour se dire bâtards de quelque douairière,
Ils renieraient, je crois, à l'instant père et mère.
La plume sur l'oreille, affublés d'un sarrau,
Nous les voyons pâlir le jour sur un bureau,
Tourner et retourner les pages du grand-livre,
Sans cesse remuant et l'argent et le cuivre,
Risquant à la fenêtre un rapide coup-d'œil
Et n'osant, sans rougir, se montrer sur le seuil.
Que si vous rencontrez l'un d'entre eux sur sa porte
Il prend un air souffrant et parle de la sorte :

« Ah! bonjour, cher ami! suis-je las de chiffrer!
Pourquoi dans un bureau faut-il donc m'enterrer?
Je sens de plus en plus que je me sacrifie
Au bonheur de mon père, à sa parcimonie.
— Mais au moins, dites-vous, est-il de bon aloi?
Sait-il que rien ici ne peut marcher sans toi?
Sait-il apprécier ta longue expérience?

Sait-il ce que tu vaux? — L'autre avec négligence :
Le saura-t-il jamais! — C'est trop de cruauté
Et je plains ton génie en son vol arrêté,
Le Ciel eut fait de toi la gloire du commerce.
— Ah! tais-toi, mon ami, mon sang se bouleverse
Rien que d'y bien penser! — Mais... il n'est pas trop tard,
Et tu peux devenir un.... Laffitte, un Ouvrard. —
Le pantin se rengorge et feint de ne pas croire.
Mais mieux vaut lui prédire un grand nom dans l'histoire
Que de porter atteinte à sa fatuité.
Il faut craindre un pantin quand il est irrité ;
Je plains le malheureux qui devient sa victime :
Nul mieux que lui ne sait user de l'anonyme;
Vous souffleter dans l'ombre et se sauver soudain
Pour revenir à vous en vous tendant la main.
Si vous lui parler d'art, de livres, de peintures,
Il repondra chevaux, toilettes, aventures...
Dites lui que Beaumann ou Lavainne (1) a produit
Un chef-d'œuvre nouveau qui partout fait grand bruit,
Il vous regardera d'une façon risible.

----

(1) Compositeurs de Lille en renom.

« Quoi ! Lavainne, Beaumann, dira-t-il, impossible,

Mon cher, vous vous trompez, je les vois tous les jours... »

— Il juge comme il voit, c'est-à-dire à rebours :

L'artiste doit manquer de goût et de méthode

Si son habit est vieux ou n'est plus à la mode,

S'il n'en impose point par de brillants dehors.

Il doute du talent modeste en ses abords ;

Mais qu'à sa boutonnière un ruban se dessine,

Qu'il vienne de bien loin, d'Amérique ou de Chine

Il se prosternera... surtout si de Chevreux (1)

Son vêtement trahit le cachet rigoureux.

Quand la besogne est faite et la caisse fermée,

Il endosse l'habit, et la joue animée,

Souriant, devisant, il saisit votre bras,

Vous traîne dans un bal et ne vous lâche pas ;

Il va, vient, fait du bruit, lorgne les jeunes filles

Qu'en connaisseur expert il trouve peu gentilles. —

L'une n'a point d'esprit, l'autre en veut trop montrer ;

Telle prude au couvent mériterait d'entrer ;

---

(1) Tailleur de Paris très célèbre.

Telle a le pied mignon et la denture blanche,

Mais pèche cependant par l'épaule et la hanche ;

Celle-ci ne saurait tromper les connaisseurs

Et c'est au carmin seul qu'elle doit ses couleurs ;

Celle-là qui sourit est une dissipée,

Cette autre enfin qui danse a l'air d'une poupée.

— Et bien ! lui dis-je un soir, n'avez-vous pas encor

Parmi tant de beautés découvert un trésor ?

Vous êtes trop cruel envers une jeunesse

Qui n'admire que vous et dont les yeux sans cesse

Vous cherchent dans la foule et brûlent de vous voir.

— C'est vrai, mon cher, c'est vrai ! j'en suis au désespoir,

Mais j'adore avant tout les femmes mariées.

— Nos vierges de ce choix seront humiliées,

Repris-je. Mais au fait, c'est la mode aujourd'hui ;

Il est mieux de chasser sur les terres d'autrui.

— D'ailleurs, je te l'avoue, il est une comtesse

Qui dans ce moment-ci me tient lieu de maîtresse.

Tu permets, n'est-ce pas, que je taise son nom ?

— Comment ! mais je comprends votre discrétion.

Et cette autre beauté, cette jeune première

Qui jadis envers vous se montra si sévère ?....

— Ah ! ne m'en parle pas ! Au diable les vertus !

Ce triomphe, mon cher, m'a coûté mille écus. —

Je tournai les talons sans daigner lui répondre,

Et pourtant en deux mots je pouvais le confondre,

Car, sept fois la semaine, on peut voir ce pantin

D'un couloir très suspect s'esquiver le matin.

Là, dans cette maison d'apparence douteuse,

Il loge à petits frais une jeune brodeuse,

Pauvrette qui se vend à bien d'autres qu'à lui !

(Elle mourrait de faim avec son seul appui !)

Il lui fait bien payer, d'ailleurs, ce qu'il lui donne ;

C'est-elle qui le frise, elle qui le bichonne,

Qui le soigne la nuit quand, pâle et rondelet,

Il rentre en chancelant et marmote un couplet,

Ou que, les yeux hagards et la bouche béante,

Il s'en vient réclamer l'infusion calmante.

Et pourtant, à l'entendre, il s'endort chaque soir

Aux bras d'une comtesse en un charmant boudoir !

Mais tout n'est pas toujours violettes et roses.

Il arrive aux pantins de singulières choses :

Un d'entre eux, profitant d'une réunion,
Prenait à tout propos ses grands airs de lion.
Il était, disait-il, fatigué de conquêtes
Et ne trouvait qu'ennuis au milieu de nos fêtes!...
Lorsqu'on vint à parler des nouvelles du jour,
Politique, beaux-arts, — on finit par l'amour.
L'amour fournit toujours mainte histoire plaisante ;
L'un de nous raconta l'aventure suivante :

C'était un temps de foire.. Un de nos jeunes beaux,
Plus amateur du sexe encor que de chevaux,
Se prit de passion pour certaine écuyère.
Elle était mariée, et l'époux, fin compère,
Résolut de tirer bon parti de ses feux.

Notre amant, bien ganté, venait en curieux
Aux répétitions visiter le manège ;
Prodiguant les bravos et sans nul vent du piège :
Dans ses regards d'abord il met à nu son cœur,
Puis dans un billet-doux éclate son ardeur ;
Puis arrive un bouquet, puis mille fantaisies
A maint renfort d'argent chez l'orfèvre choisies.

On accueille à regret présents et billet-doux.

L'amoureux cependant demande un rendez-vous,

Et, pour mieux l'obtenir, il offre une cravache

D'un travail admirable, à laquelle il attache

Sa brûlante supplique. On refuse d'abord...

On accepte.... Et l'amant, en bénissant le sort,

A l'heure dite accourt. Il soupire, — on soupire;

C'était là le signal. Vers celle qu'il désire

Il tend déjà les bras.... Il les tend... quand soudain

Apparaît l'écuyer la cravache à la main.

Le pauvret confondu dansa la sarabande :

Comment! et sur quel air? nul ne se le demande;

Mais il dansa si bien, assure l'écuyer,

Qu'il en resta couché pendant un mois entier.

Le héros! cria-t-on, nous voulons le connaître!

— Messieurs, dit le conteur, chacun est toujours maître

De deviner un nom; ce droit vous est laissé.

Je cherchai mon pantin.... Il s'était éclipsé

Voilà bien cependant comment en conscience

On devrait de ces fats corriger l'insolence.

Oui, c'est au son du fouet et non des violons

Qu'ils devraient chaque soir valser dans nos salons.

VERS

inspirés par les soupirs d'un ami que sa maîtresse engageait
à se marier (avec elle bien entendu).

La vie à deux près du foyer,
Bien loin du bruit, bien loin du monde,
Ayant pour rire et s'égayer
Un petit ange à tête blonde,
Qui sautille sur vos genoux
Et vous gazouille de ces choses,
De ces mots gentillets et doux
Qui dérident les plus moroses;
Une épouse à l'esprit égal,
Prévenante et sans jalousie,
Voilà du bonheur conjugal
Le beau côté, la poésie.

Mais, Rose, en cela comme en tout,

Il est un revers de médaille :

Tout mets a son arrière-goût.

L'enfant, las de rire, piaille ;

La femme a ses moments d'humeur.

De plus, adieu la rêverie

Dans les sentiers pleins de fraîcheur ;

Adieu l'aimable causerie,

Adieu les doux épanchements

Le soir sous la verte tonnelle,

Dans un cercle d'amis charmants

Qu'anime la voix d'une belle.

Le devoir, ce mot triste et froid

Qui vous tient l'esprit à l'étroit,

Comme un bourdonnement d'abeilles,

Tinte sans cesse à vos oreilles ;

Le devoir, toujours à cheval

Sur votre dos, vous éperonne.

Le soir est venu, l'heure sonne :

Il faut au gîte conjugal

Retourner d'un pas empressé ;

A vos côtés des jeunes filles,

Colombes blanches et gentilles,

Passent.... Votre air embarrassé

Leur arrache un joyeux sourire;

« C'est bien sûr encore un mari,

Disent-elles; le pauvre sire

S'en va chez lui le cœur marri;

Il est en retard, et, sans doute,

Son épouse va le gronder. »

Puis on rencontre sur sa route

Un ami qu'on craint d'aborder;

De sa porte, de sa fenêtre,

Votre femme pourrait vous voir,

Et vous sermonerait peut-être

D'un retard qu'on ne peut prévoir.

Vous arrivez : une migraine

Tourmente l'épouse; l'enfant

Dans les coliques se démène;

De vous moucher on vous défend,

Car Madame a mal à la tête;

Puis, pour apaiser le marmot,

Prêt à souper l'on vous arrête,

Et si vous dites un seul mot,

Sur votre humeur triste et sauvage,
Las! on tombe à bras raccourci.
La femme parle d'esclavage;
Elle ne peut plus vivre ainsi;
Elle s'ennuie, et vous accuse
De la délaisser trop souvent;
Pendant que Monsieur court, s'amuse,
Elle, derrière un paravent,
Au coin du feu reste sans cesse
Pour égayer le marmouset.
Ah! ce n'est point là la promesse
Qu'en l'épousant on lui faisait,
Promesse folle, mensongère !
Puis, c'est encor ceci, cela;
Si mon père se trouvait là;
Si ma mère.... — Au diable le père,
Au diable la mère.... Eh! garçon,
Apporte-nous une bouteille.
Et toi, Rose, joyeux pinson,
Sans te faire tirer l'oreille
Fredonne-nous une chanson.

REGRETS.

Vous me disiez naguère, Monseigneur:
« Fille des champs, ah! cède à ma prière;
Viens, laisse-là ton troupeau, ta chaumière;
Viens près de moi, viens goûter le bonheur. »
     Et moi, jeune imprudente,
     N'écoutant que l'amour,
     J'accourus un beau jour....
Mon Dieu! comme je souffre et que la mort est lente!

Vous me disiez : « Dentelles et bijoux,
Mes biens, mon nom, mon peu de gloire encore,
Tout est à toi, fillette que j'adore;
Je veux passer ma vie à tes genoux. »
     Belle et pauvre innocente,
     En retour, Monseigneur,

Je vous offris mon cœur.

Mon Dieu! comme je souffre et que la mort est lente!

Mais dans vos bras je perdis ma gaîté ;

La soie et l'or m'ôtèrent ma souplesse ;

Pour imiter vos grands airs de noblesse,

Je dépouillai grâce et simplicité.

Je devins insolente,

Grondeuse, et sans tarder

Je voulus commander....

Mon Dieu! comme je souffre et que la morte est lente!

Mais un matin, lassé de mes propos,

Par vos laquais je fus mise à la porte ;

Et sur un banc, assise, demi-morte,

Me rappelant mon chaume et mes troupeaux,

Jusqu'à la nuit tombante

Je me mis à pleurer,

A me désespérer....

Mon Dieu! comme je souffre et que la mort est lente!

J'ai bien gémi, Monseigneur, depuis lors ;

De ville en ville à la misère en proie,

La honte au front, j'allai, fille de joie,

A tout venant livrant mon pauvre corps.

      Et maintenant mourante,

      Au fond d'un hôpital,

      J'attends que de mon mal

Dieu me délivre enfin! Ah! que la mort est lente!

LES DEUX JEAN.

De sa fenêtre ouverte
Jean Crésus écoutait
Un jeune gars alerte
Qui, la truelle en main, travaillait et chantait,
Et dont la fraîche voix jusques à lui montait.
Jean Crésus souriait de ce triste sourire
Qui témoigne que l'on désire.
Ah ! disait-il, en appuyant le front
Sur un coussin de soie,
Je ne connais plus cette joie :
Elle me fait affront,
Elle me fait envie,
A moi qu'elle devrait ne quitter de la vie
Et qui pour l'enchaîner
Lui tresse nuit et jour la plus riante chaîne.

Ah! c'est à se damner,

A prendre tout en haine,

A se briser d'ennui le front sur les pavés.

Où donc est ce bonheur qu'à vingt ans j'éprouvais

Lorsque le gousset vide,

D'illusions riche en retour,

Mon front n'avait pas une ride,

Mon cœur d'autres soucis que des soucis d'amour?

Maintenant au dégoût en proie

Je soupire et m'ennuie! Hélas! il est donc vrai!

La fortune effarouche et dissipe la joie,

Elle fuit le boudoir doré!

Ni les plaisirs bruyants, ni les chants de l'ivresse,

Ni les propos charmants d'une aimable maîtresse,

Rien près de moi ne la peut ramener;

Et ce pauvre ouvrier qui n'a que sa truelle

Captive la rebelle

Sans savoir s'il pourra lui donner à dîner!

Il chante quelque chansonnette

Qu'il aura composée en pilant son mortier,

Ou qu'au coin d'une rue un passant en goguette

Lui cloua dans l'oreille à force de crier.

Pour moi, ma chanson d'ordinaire

N'est autre qu'un long bâillement :

Du spleen je suis le tributaire,

Il me gouverne insolemment ;

Et l'ivresse elle-même,

Qui pour tout autre a des charmes si doux,

Me laisse triste et blême

Et remplit mon cerveau de sombres loups-garoux.

Oui, par Satan, je le répète,

C'est à se briser la tête

Sur le pavé.

Eh mais, dit-il soudain, l'idée est assez bonne,

C'est un moyen trouvé :

Moi qui n'ai point d'enfant, moi qui n'aime personne,

Un an de plus, un an de moins....

C'est dit, c'est fait. — Pour lors il sonne,

Mande un notaire et des témoins.

Ceux-ci venus : « Çà, monsieur le notaire,

Dit Jean, voici mon testament ;

Il est très court assurément,

Mais des plus clairs : Je fais don volontaire

Moi, Jean Crésus, ancien banquier,

De tous mes biens quels qu'ils soient sur la terre

    A Jean Legai, jeune ouvrier

Qui dans ce moment-ci chante sous ma croisée.

     La chose est, je crois, fort aisée.

Est-ce écrit? signons tous... Et maintenant bonsoir

Notaire; et vous, chers témoins, au revoir,

    Si Dieu pourtant ne me damne. —

     Et cela dit, sur le pavé

    Jean Crésus se brisa le crâne

    Ni plus ni moins qu'un réprouvé.

. . . .

    Pour Jean Legai, quelle nouvelle !

      Au diable la truelle ;

    Vivent les laquais chamarrés,

    Carrosses et salons dorés!

    D'abord on rit à cœur joie

    Quand, pour monter les escaliers,

    Jean Legai défit ses souliers,

Et quand, le premier jour, près des coussins de soie,

    Dans la crainte de les salir

   Sur le plancher il préféra dormir.

Mais on devient plus sage avec l'expérience :

                                    11

Jean, petit à petit, prit des airs de seigneur

Et vécut de la vie en profond connaisseur.

    Malgré pourtant sa nouvelle existence,

    Jean, paraît-il, s'ennuyait de grand cœur;

    Souvent il se grattait l'oreille

    Et ne pouvait retrouver sa gaîté

    Qu'à l'aide de mainte bouteille,

    Triste ressource en vérité !

Lors il se revoyait maniant la truelle,

Fredonnant le refrain d'une chanson nouvelle ;

    Ou, le dimanche au cabaret,

    Causant avec sa belle

    Près d'un litre de vin clairet.

Mais le vin dissipé, les rêves oubliés,

    Jean ne sachant que faire

    De ses deux mains et de ses piés,

    Baîllait ou disait son rosaire

    (Très agréable passe-temps,

    Quoiqu'en disent les protestants).

Un jour plus ennuyé, peut-être,

    A la même fenêtre

D'où Jean Crésus s'était précipité,

Jean Legai vint s'asseoir, et d'un œil attristé

Contempla le ciel bleu qui lui parut grisâtre,

Et le soleil qu'il prit pour un immense emplâtre;

    Bien que l'on fût au printemps,

    Il lui sembla qu'en peu d'instants

    Le feuillage, comme à l'automne,

    Avait pris une teinte jaune.

Les chants même si purs des oiseaux babillards

    N'arrivaient plus à son oreille

Que comme autant de sons tristes et nazillards.

    Soudain, ô terreur sans pareille !

Ayant baissé les yeux, il vit sur le pavé,

Ou plutôt il crut voir un homme pâle et blême;

    Jean Crésus, Jean lui-même

    Qui, sur un bras soulevé,

    Par un geste récidivé

Suppliait Jean Legai de le venir rejoindre.

    Certes, c'était le moindre

    Qu'on pût faire pour un ami.

    Tout autre que Jean eût frémi,

    Aurait calculé la distance;

Mais Jean Crésus y mettai tant d'instance,

Ses yeux parlaient avec tant d'éloquence

Que fasciné, n'y tenant plus,

    Dessus la même pierre

    Où s'était brisé Jean Crésus,

Jean Legai s'élança la tête la première

Et mourut sur le coup sans prononcer: Jésus.

REGINA.

Son père lui disait: « Enfant, vienne l'automne
Vous aurez dix-huit ans; ne songez-vous donc pas
A vous tresser pour lors une blanche couronne?
Votre cœur est-il sourd? on le craindrait, hélas!
A vous voir si morose et si peu confiante;
N'avez-vous pas encor dans vos rêves si doux
Entrevu d'un amant l'image souriante?
N'avez-vous pas encor fait le choix d'un époux? »

« Non, non, répondait-elle, en regardant la nue,
L'amour est un souci que je n'ai pas encor,
Je n'aime que mes fleurs; l'heure n'est pas venue
D'échanger pour la nuit mes jours d'azur et d'or » —

Et sa mère pleurait, car malgré son grand âge,
Son peu de connaissance en fait de cœur humain,
Elle hochait la tête à cette humeur sauvage,
Et semblait présager quelque orage lointain.

L'honnête et vieux pêcheur n'avait que cette fille,
Du nom de Regina; c'était tout son espoir;
Et dans son frêle esquif, lorsqu'elle était gentille,
Avec lui sur la mer il l'emmenait le soir;
Sa voix, tremblante alors, de quelque chansonnette
Essayait le refrain pour égayer l'enfant.
Mais Regina, le front penché, restait muette
Et rêveuse oubliait d'applaudir à son chant.

Elle n'écoutait pas, car d'une autre contrée
Son âme parcourait les sites gracieux;
Et la capricieuse au lointain égarée
Oubliait le pêcheur et ses refrains joyeux.

Hélas! quand donc pourrai-je enfin, murmurait-elle,
Échanger ces déserts pour vos nobles cités,
O Naples, ô Venise, ô Rome l'immortelle,
Pays d'amour, de joie et de félicités.

Quand pourrai-je à jamais te quitter, ô Sicile,
Pour ces palais si beaux et si longtemps rêvés!
Qui donc un jour viendra m'arracher à ton île,
A tes rochers brûlants, à tes champs réprouvés,
Pour m'entraîner le soir sur ces riches gondoles
Dont les tapis soyeux se baignent dans les flots,
Et me bercer au son des tendres barcaroles
Que sur la rive assis chantent les matelots.

Pourquoi loin des plaisirs, loin du bruit, loin du monde,
Laisser s'étioler des traits que l'on dit beaux?
Pourquoi m'ensevelir dans une nuit profonde?
Le hibou se plaît seul au milieu des tombeaux.

Pourquoi rougir mon bras sous ces manches de bure
Quand je le puis couvrir de soie et de velours?
Pourquoi priver mon front d'une riche parure
Que m'offrent à l'envi de faciles amours? —

———

Des jeunes gens venus de la belle Italie
Faisaient de ce pays des récits merveilleux :
Ils parlaient de Milan, de Naples la jolie,
De Rome et du Corso, de Venise aux flots bleus,
De Venise surtout féconde en aventures,
De Venise où l'amour charme tous les instants.
Ils vantaient le Lido, St-Marc, toutes peintures
Faites pour enflammer un cœur de dix-huit ans.

Aussi, quand accoudée et le doigt sur la lèvre
La charmante Régine écoutait ces récits,
Son œil étincelait et l'amoureuse fièvre
Imprimait à sa joue un brillant coloris :
Elle voyait Venise avec ses ponts sans nombre,
Elle-même croyait s'y promener le soir

Au bras d'un cavalier..... — Pour lors fuyant dans l'ombre
Seule sur le rivage elle accourait s'asseoir.

Un matin — « Regina, cria sa mère, alerte !
Pour me suivre à Catane, enfant, habille-toi. » —
Puis s'approchant du lit : « Quoi sa couche est déserte !
Levée ! où donc es-tu, Regina ? réponds-moi. »
Mais de réponse point. On fut voir après elle
Jusqu'au rivage, et là les deux mains sur les yeux,
Le pêcheur aperçut loin, bien loin sa nacelle...
Et se prit à pleurer en regardant les cieux.

C'était au carnaval, quand Venise en folie
Couvre ses fers pesants d'un rose domino,
Et lasse de gémir s'enivre, chante, oublie.....
Le long du grand canal auprès du Rialto,
Un vieillard se tenait debout sur une marche
Du palais Cesena. La main sur son poignard
Il écoutait le flot se briser contre l'arche
Et sur chaque gondole arrêtait son regard.

Soudain il tressaillit : une gondole noire

12

Touchait en ce moment au palais Cesena :

Une femme en sortit, belle à ne pas y croire.

En voyant le vieillard elle se détourna,

Mais lui : « Ta pauvre mère est morte, fille infâme,

Je m'en vais la rejoindre, adieu, je te maudis ! —

Et se frappant au cœur il rendit bientôt l'âme,

Pour la maudire encor levant ses bras raidis.

Cependant Regina sans verser une larme

Gagnait l'appartement du noble chevalier. —

On entendait partout un infernal vacarme

De rires et de chants. — Au bas de l'escalier

Cesena radieux vint prendre son amante,

Au banquet près de lui doucement l'entraîna,

La baisa sur l'épaule, et, d'une voix tonnante,

« Seigneurs, s'écria-t-il, je bois à Regina. »

LILLE.

Il est une cité, grand foyer d'industrie,
D'où, comme le soleil, l'art fuit avec dédain,
Où le négoce altier méprise le génie,
    Et loin de lui tendre la main
N'a pour lui qu'un mot froid et qu'un regard hautain.

On n'y voit que métiers, gigantesques machines,
Ateliers empestés, où de pauvres fiévreux
Se courbent nuit et jour, où de jeunes poitrines,
    Au lieu de chants harmonieux,
Ne rendent que des sons rauques et caverneux.

Cette cité, c'est Lille, éternelle glacière,
Où l'on grelotte encor sous les baisers de mai;
C'est Lille, au ciel de plomb, où pétille la bière,

C'est Lille, au climat embrumé,
Où le tabac jouit d'un culte renommé.

Pas un vieux monument où reposer la vue,
Où retremper son âme en nobles souvenirs,
Pas un seul clocheton, une seule statue,
    D'un autre âge élégants loisirs,
Que du penseur en vain réclament les soupirs.

Le commerce envahit tout jusqu'à la mansarde,
La poésie a peur de s'y venir loger;
C'est toujours à regret quand elle s'y hasarde,
    Car elle se prend à songer
Qu'il est d'autres pays où fleurit l'oranger.

Et puis, comme l'amour naît de la poésie,
Faute de poésie on n'y voit point d'amour!
Car la femme elle-même, indigne apostasie,
    Sait faire un compte de retour,
Et souvent au bureau s'assied avant le jour.

Quand Dieu m'ordonnerait de te chanter, ô Lille!

Moi, ton enfant pourtant, je ne le pourrais pas.

Il faut quelques attraits au luth le plus docile,

    Ne fût-ce qu'un sourire, hélas!

Et tu ne m'offres rien, Flamande aux lourds appas.

Je t'aime cependant, malgré tes formes flasques,

Ta paupière rougie et tes poings au côté,

Surtout en carnaval lorsque hurlent les masqués,

    Et que, spectacle réputé,

Tes géants de carton parcourent ta cité.

Je te préfère ainsi que la plume à l'oreille,

Car tu me fais rêver, et ta joyeuse humeur,

Ta démarche incertaine, et ta face vermeille,

    Me rappellent à faire peur

Un des types d'Hoffmann, le sublime conteur.

ADIEUX AU PASSÉ.

Lorsque l'on a vingt ans, et qu'une aimable muse
Daigne vous inspirer, avec elle on s'amuse
A chanter ses amours sans cure ni souci.
O les heureux instants! Jeune, j'ai fait ainsi;
Jeune j'ai rimaillé, célébré mes maîtresses;
Vous surtout, Jenny, Blanche, Élise, enchanteresses
Compagnes de mes jours et surtout de mes nuits,
Anges qui de mon front dissipiez les ennuis,
Folles à qui le ciel prodigua tant de charmes,
Et qui de l'amour seul connûtes les alarmes;
Adorables enfants, ne reviendrez-vous plus
Sourire, sourire encor à ce pauvre reclus,
Votre amant d'autrefois, dont les fraîches années
Furent toutes pour vous! Que de roses fanées
Sur vos cœurs, sur le mien. Que de papier noirci

A vous chanter en vers, mes belles! — Dieu merci,
Je ne regrette pas les longues élégies
Faites en votre honneur, ni toutes les folies
Que m'inspira l'amour, lorsque lui seul, pour moi,
En dépit des frondeurs, sur la terre était roi;
Lorsque jetant la bride à mon humeur sauvage,
J'aimais sans rien vouloir entendre davantage.
Dans un parterre en fleurs ne voyant que des fleurs,
Et ne demandant point dans mes folles ardeurs
Celles que je pouvais enlever à leur tige;
Je cueillais en disant : Cupido me dirige!
Je marche à la lueur de son divin flambeau.
Sur les traces pourtant de ce jeune étourneau
Je fis plus d'un faux pas; mais quel mal, somme toute,
De s'égarer parfois ou de tomber en route,
Lorsque le souvenir qui vous suit pas à pas
Adoucit votre chute en vous tendant ses bras.
Je fermais donc l'oreille aux bienveillantes plaintes,
A tout ami parlant de regrets et de craintes,
Certain qu'on ne pouvait garder de la beauté
Que souvenirs de joie et de félicité.
Non, non, du regret seul pour ces quelques années,

Où nos têtes de fleurs à l'envi couronnées,

Ne rêvaient que plaisirs sans regarder au loin.

L'avenir !.... Aux parents on en laissait le soin ;

On avait bien assez de fouler la verdure,

D'écouter les oiseaux, d'admirer la nature,

A l'ombre des lilas, loin d'un soleil brûlant

De reposer son front sur un sein frais et blanc.

Comme l'on rimait bien, alors ! La poésie,

Rieuse, bonne fille et sans hypocrisie,

Nous prêtait ses chansons un peu rouges de vin,

Et ses ardents sonnets, et tous ses vers enfin ;

Joyeux et bien portants qui couraient sans chemise,

N'ayant pour se voiler que leur rude franchise,

Pauvrets qui ne verront, certes, jamais le jour,

Vrais enfants du plaisir, vrais enfants de l'amour,

Noyés pour la plupart dans des flots de champagne.

Tu souris à ces mots, Blanche, fille d'Espagne,

Toi qui lisais mes vers comme on lit un journal,

Et qui même un beau soir, en revenant d'un bal,

Voulais, bon gré, mal gré, que ma tête alourdie

Enfantât sous huit jours rien qu'une tragédie.

« Courage, et tu verras, me disais-tu, comment

Je saurai t'applaudir, poëte, mon amant. »

Un sonore baiser fut toute ma réponse;

Un second plus bruyant étouffa la semonce.

Et vous, ma brune Élise, au sourire agaçant,

Où donc est cet œil noir, cet œil si languissant,

Et cette taille fine, et ces beaux seins de neige,

Dont souvent, mais en vain, ma main tenta le siége?

Où donc est cette voix tremblante de désir?

Où donc est cette bouche où j'aimais à mourir?

Vous eûtes dans mes vers la place la plus large.

Ah! que leur souvenir ne vous soit point à charge :

De nos jeunes amours ils furent les témoins;

Y pensez-vous encor, Lise, au milieu des soins

Qu'exigent maintenant votre rôle de mère?

Ne jetez-vous jamais un regard en arrière,

Et poussant un soupir désormais sans espoir,

Ne sentez-vous rien poindre au coin de votre œil noir?

Et vous, Aimée, et vous, Jenny, charmantes filles,

Lutins délicieux, fauvettes si gentilles,

Et vous toutes enfin, vous pour qui j'ai chanté,

Vous souvient-il encor de nos jours de gaîté,

Où Dieu nous jalousait rien qu'en nous voyant rire;

Me gardez-vous parfois un baiser, un sourire.

Ah ! ne serais-je plus, ingrates, possesseur

D'une petite place au fond de votre cœur?

Vous même enfin, Marquise, aimable pécheresse,

Vous dont j'ai tant connu les baisers et l'adresse,

Vous dont, pauvre amoureux, je m'étais cru long-temps

Le seul aimé (riez, je n'avait que vingt ans);

Vous souvient-il encor de notre gai ramage,

De nos charmants ébats le soir sous le feuillage;

Changez-vous tous les mois comme au temps des beaux jours

Et votre vieil époux voyage-t-il toujours?

Oh ! le temps comme il passe et comme on vieillit vite !

Rien que de souvenirs mon cœur tremble et palpite;

Qu'était-ce donc jadis! impitoyable temps!

O mes belles amours, mes amours de vingt ans !

. . . .

La jeunesse est rapide, elle ne dure guère

Dix ans! pas plus, hélas!.... Une belle misère!

Un cadeau bien mesquin que Dieu nous a fait là;

Car ce n'est, après tout, qu'un rêve que cela.

On s'aime, on se le dit, on le répète encore,

Et quand depuis un an franchement on s'adore,

Des désillusions le cortége maudit

Avec un rire amer vous tire par l'habit.

Les dix ans ont sonné : désormais votre rôle

Changé ; l'amour pour vous devient un mot frivole,

Vous devez prendre rang dans un monde sensé,

Et briser à jamais avec votre passé.

Il vous faut plaire alors aux mères de famille,

Vous choisir une épouse, une pédante fille,

De quelque saint couvent produit sot et niais,

Qui danse, chante, brode, et connaît son français,

Et l'ennui dans le cœur quatre fois la semaine

Traîner dans les salons son épouse et sa chaîne ;

Puis ce sont les enfants, autre joie, autre faix ;

Puis encor l'avenir des marmots qu'on a faits ;

Puis vient aux mauvais jours l'heure des rêveries ;

On revoit à vingt ans ses bosquets, ses prairies ;

On croit sous sa fenêtre entendre la chanson

Qu'au bras d'un autre amant chante Mimi Pinson.

. . . .

Heureux adolescents aux blondes chevelures,

Vous qui déjà d'amour devinez les allures,

Oh ! ne le craignez pas, et s'il vous tend les mains,

Ne demeurez point là soucieux, incertains.

Aimez toutes les fleurs, les roses et les blanches,

Et les lys parfumés et les frêles pervenches.

Aimez... non point demain mais à l'instant, toujours,

Il n'est point de bonheur où ne sont les amours.

Surtout ne rêvez pas, ce n'est point de votre âge :

Rêver de l'homme mûr est le triste partage.

A votre âge la vie est féconde en plaisirs,

Elle en sème partout au gré de vos désirs,

Du boudoir au grenier, sous la serge et la soie ;

Avec l'insouciance on retrouve la joie :

Elles couchent ensemble et l'amour seul a droit

De se glisser la nuit dans leur alcôve étroit.

Quand je voulus rêver, je sentis un grand vide,

J'eus peur ; autour de moi tout me parut livide :

Les roses n'avaient plus d'éclat ni de senteur.

A tout propos ma voix prenait un ton moqueur,

La femme chaque jour perdait pour moi ses charmes,

Et souvent en secret je répandais des larmes.

Je souffrais... Mais un soir Jenny, le verre en main,

Accourut près de moi, me fit boire et soudain

Je relevai la tête ; et bientôt la tristesse

S'enfuit en écoutant les chants de ma maîtresse.

Ah! que sert de rêver? à creuser son cerveau,

A se créer sans cesse un idéal nouveau;

A métamorphoser à son goût toutes choses,

A chercher aux effets les plus fantasques causes.

Et qu'est-ce l'idéal? un fantôme après tout.

Souvent au fond du cœur on croit le voir debout:

Mais c'est l'illusion qui prenant son image

Nous amuse un moment et fond comme un nuage.

Mieux vaut suivre Momus à rêver peu dispos,

Chanter et s'endormir au bruit de ses grelots;

Et quand le dégoût vient, vers des amours nouvelles

Sans souci du passé voler à tire-d'ailes.

RÉPONSE.

Mon cher, serait-il vrai? tu me ferais un crime
De perdre ainsi mou temps, à rêver, à dormir?
La France, m'écris-tu, va rouler dans l'abîme,
Et toi, poète, et toi, tu chantes le plaisir !
On se bat dans Paris, et tu cueilles des roses,
Et tu remplis ton verre en riant de nos maux !
Ah ! pourquoi ce dédain des hommes et des choses?
Et pourquoi mépriser ainsi tous les drapeaux?

Parmi tous ces partis que la haine déchire,
N'en est-il donc pas un qui réclame ton bras?
Qui te mette à la main le mousquet ou la lyre,
T'inspire un chant de guerre ou t'entraîne aux combats?
Poète, sors enfin de ta morne apathie :
C'est assez célébrer le plaisir et ses dieux ;

Pour toi va maintenant s'ouvrir une autre vie,
Plus bruyante, il est vrai, mais qui te siéra mieux.

Ami, je te réponds : Une seule famille
Pouvait sous son drapeau m'entraîner à son gré ;
Son nom c'est d'Orléans, dans nos fastes il brille,
L'artiste et le guerrier l'ont bien des fois pleuré ;
Maintenant dispersés par un cruel orage
Ses membres au lointain vont charmer d'autres yeux ;
Calme et tranquille au fond de mon frais hermitage,
Mon cœur les suit partout, ne pouvant faire mieux.

Je ne suis pas de ceux qui s'en vont dans la rue
Le fusil sur l'épaule et le sabre au côté,
Abandonnant leur toit, délaissant la charrue
Au mot de république ou bien de royauté ;
J'ai toujours déploré ces combats entre frères,
Et ne saurais tuer un Français comme un chien :
Mais qu'un jour l'ennemi se montre à nos frontières,
Je connais mon devoir aussi bien que le tien.

Loin, bien loin de Paris, cette immense fournaise,

Sous les ombrages verts, j'abrite ma raison :
Au milieu de mes fleurs, je la laisse à son aise,
Sans crainte d'encourir l'amende ou la prison,
Absoudre, encourager, blâmer la politique,
Compter tous les faux-pas que l'on fait en haut lieu,
Chansonner du clergé le parti fanatique,
Plaindre le genre humain, et rechercher un Dieu.

Ah! viens auprès de moi, viens avant qu'une balle
En te perçant le cœur me prive d'un ami ;
Viens plutôt dans nos champs jouer la pastorale,
Ou sous les saules verts doucement endormi
Rêver qu'enfin la Paix dans Paris revenue
A se serrer la main force les combattants,
Et que l'autorité tant de fois méconnue
Du milieu des pavés triomphe pour longtemps.

Juin 1848.

MARIUS.

MARIUS.

Blotti dans l'épaisseur d'un chêne séculaire,
Ainsi qu'un écureuil à l'affût d'un moineau,
Lecteur, je vous présente, en désirant vous plaire,
Le seigneur Marius, baron de Lo'Guénô,
Unique rejeton d'ayeux apoplectiques
Inscrits au livre d'or des viveurs d'autrefois :
Bassompierre, auprès d'eux, dans ses défis bachiques,
Aurait brisé sa coupe en les saluant rois.

Le chêne hospitalier mirait ses vertes branches
Dans l'eau d'une fontaine au fond de sable d'or:
Sur la rive, à l'entour de rêveuses pervenches,
Des bluets, des iris tout humides encor,
Sous la brise inclinés confondaient leurs parures;
Des pavots secouaient un reste de sommeil,

Et balançant au vent leurs longues chevelures
Des saules soupiraient le doux chant du réveil.

Que faisait Marius caché dans le feuillage?
Certe, il n'y cherchait pas un nid de sansonnets;
Ce n'était pas non plus pour y rimer, je gage,
Bien qu'il eût fait jadis quelques jolis sonnets.
Non, retenant son souffle et la joue empourprée,
Marius était là tout simplement pour voir
Sa cousine Jenny, qui de l'onde azurée
Troublait dans ses ébats le limpide miroir.

Sa cousine Jenny, charmante jeune fille,
Dont l'onde caressait la blanche nudité,
Jenny cheveux au vent, sans corset, ni mantille,
N'ayant pour se voiler que sa virginité,
N'ayant pour dérober sa gorge rougissante
Que ses bras que dessus elle aimait à croiser;
Jenny, les yeux brillants, la face éblouissante,
Dont la bouche entr'ouverte appelait un baiser.

Le soleil, amoureux de la belle naïade,

Répandait sur son front ses rayons les plus doux,
Et Marius témoin de sa chaude embrassade
Trépignait à part lui comme un vilain jaloux ;
Jenny laissait Phébus l'admirer à son aise ;
Mais quand il s'oubliait dans ses caresses d'or,
Elle plongeait soudain, puis rouge comme fraise,
Reparaissait sur l'eau pour disparaître encor.

Pour le baron, tantôt il frisait sa moustache,
Tantôt passant la main sur ses yeux éblouis,
Il murmurait : « Vraiment, il n'est rien que je sache
D'aussi beau que cela dans tout le paradis ;
La mignonne me plaît, j'en veux faire ma femme ;
Son corps souple et charmant n'a pas un seul défaut ;
Il ne le cède en rien aux trésors de son âme.
Oui ! j'ai trouvé, morbleu, l'épouse qu'il me faut. »

Expliquons au plutôt le sens de ces paroles :
Le baron Marius, avait passé trente ans ;
Après avoir rempli pendant douze ans les rôles
Que la fortune assigne aux heureux de ce temps,
Après avoir dompté de belles indomptables,

Ruiné cent chevaux, joué comme un maudit,
Couché sur le terrain trois époux respectables,
Et mille autres exploits, un jour il s'était dit :

« Il faut me marier; j'aime le mariage,
J'aime la jeune épouse, ange plein de candeur
Priant Dieu, surveillant avec soin son ménage,
Et qui sans soupçonner les orages du cœur
Place dans son époux toute sa confiance :
Le vrai mérite seul parle à mes sens calmés ;
J'ai pour faire mon choix ma longue expérience,
Et l'amour sera fin s'il me trompe jamais: »

Marius exigeait trois choses principales
Selon lui : la beauté, la candeur, et l'amour,
Sans compter le trésor que les blanches vestales
Gardaient soigneusement en leur chaste séjour ;
De plus il désirait qu'en un champêtre asile
Celle qu'il choisirait eût vécu jusqu'alors
Loin de séductions que présente la ville,
Séductions dont lui connaissait les ressorts.

Il avait donc jeté les yeux sur sa cousine
Qu'il croyait réunir toutes ces qualités :
Sans fortune il est vrai, mais de noble origine
Et n'ayant jamais mis le pied dans les cités ;
Elevée avec soin par une tendre mère,
Ayant pour confidents ses oiseaux et ses fleurs,
Elle ignorait le monde ou n'en connaissait guère
Que d'imparfaits détails puisés dans les auteurs.

Rien n'est pernicieux comme la rêverie :
Nous en reparlerons quand il en sera temps.
Le baron, grâce donc à sa supercherie,
Savourait du regard les trésors éclatants
De la belle Jenny. Bien qu'il connût son âme,
Il avait désiré s'assurer prudemment
Si le corps à son tour était exempt de blâme,
Chose dont il pouvait se convaincre aisément.

Il est foule de gens qui vers la quarantaine
Brisant avec le monde ainsi que mon héros,
Fatigués des plaisirs d'une vie incertaine,
Au foyer conjugal demandant le repos.

Certes, ils n'exigent pas la dot d'une princesse,
Mais à défaut des biens qu'ils possèdent pour deux
Ils veulent la beauté l'esprit, et la jeunesse,
Et la foule applaudit à ce trait généreux.

Oui la foule applaudit, car souvent elle ignore
Que ce noble et pompeux désintéressement
N'est au fond qu'un moyen d'exiger plus encor.
On a droit en payant de se montrer gourmand ;
D'être en fait de beauté railleur et difficile ;
De promener longtemps un dédaigneux mouchoir
De Louise à Marie et de Berthe à Lucile ;
De semer à son gré la tristesse ou l'espoir.

Pour ces messieurs la femme est une marchandise
Dont au centuple l'or doit solder les attraits ;
Un coursier qu'on essaie et dont on analyse
Et les formes du corps et l'acier des jarrets.
Quant à l'esprit, pour eux c'est chose trop commune
Pour daigner y porter la moindre attention ;
Pour compenser l'esprit n'ont-ils pas la fortune,
Des titres ? n'ont-ils pas une position ?

Ils se trompent pourtant et ce troc hypocrite

Malgré leurs beaux semblants ne leur réussit pas :

La femme naît maligne, elle distingue vite

L'amour vrai du calcul, et dans ce dernier cas

Si quelque ambition chez elle a pris naissance,

Si son âme a besoin de s'ébattre au grand jour,

Si quelque nom pompeux en son cœur froid balance

Un amour de vingt ans, un véritable amour,

Elle se montrera plus douce, plus aimante,

Redoublera de grâce et de séduction

Et paraîtra de tout satisfaite, contente,

Jusqu'au moment enfin où la riche union,

Objet de ses désirs, prix de sa complaisance,

Lui donnera le droit de briller à son rang,

Les moyens d'exercer sa magique puissance

Sur ce monde, la veille encore indifférent.

Comme elle aime pour lors à prouver, l'orgueilleuse,

Que son esprit charmant, ses grâces, sa beauté,

Ont seuls droit au respect dont la foule amoureuse

L'entoure sans songer à l'époux attristé,

Et que, possédàt-il châteaux-forts et villages,
Il ne saurait jamais, lui, grand seigneur, mais sot,
S'attirer pour lui seul un de ces vrais hommages
Qu'elle sait conquérir, elle, par un seul mot.

Notre héros croyait connaître sa cousine
Et lire à livre ouvert en son cœur ingénu
Aussi facilement que sa ruse mesquine
Venait de lui montrer son joli corps à nu;
Et Jenny se plaisait par ses franches manières,
Sa facile gaîté, son aimable abandon,
Son admiration pour les jeunes rosières,
A prolonger l'erreur de monsieur le baron.

Marius la croyait sensible et charitable :
En effet, le dimanche, en sortant du saint lieu,
Jenny tendait au pauvre une main secourable;
Mais la coquetterie encourageait un peu
Sa générosité; des pleurs et de l'aumône
Bien des femmes se font un piédestal adroit;
C'est une pose heureuse, et la femme qui donne
Cherche souvent des yeux si quelqu'un l'aperçoit.

Enfin l'aimable enfant témoignait pour sa mère
Une amitié poussée à l'adoration,
Peut-être étudiée et peut-être sincère,
(Il faut craindre dans tout l'exagération).
Elle aimait les beaux-arts, cultivait la peinture,
La musique, les fleurs et dansait à ravir,
Talents dont Marius tirait un bon augure
Et qui contribuaient encore à l'éblouir.

Au gilet du baron pendait une chaînette,
Merveilleux bijou d'or que le vent balançait :
Marius, pour mieux voir de sa verte cachette,
S'était courbé si fort que du noble gousset
La montre s'échappant demeurait suspendue.
Sous les feuilles soudain Jenny la vit briller,
La reconnut sans peine, et bien qu'inattendue
Cette apparition la fit peu sourciller.

La persuasion qu'un mortel téméraire
Autre que son cousin se fût là-haut perché
L'aurait fait défaillir ; l'assurance, au contraire,
Que le gros oiseau noir, dans les branches niché,

Était bien Marius, arrêta sur sa bouche
Le cri de la pudeur, naturel en ce cas,
Et loin de prendre un air inquiet et farouche,
Elle demeura calme et ne se troubla pas.

Bien plus, elle inventa mille folàtreries :
Elle cueillit des fleurs, en para ses cheveux,
En sema ses bras blancs, toutes coquetteries
Que le lion prenait, dans son trouble amoureux,
Pour des naïvetés, des jeux de bergerette ;
Elle se fit enfin adorable et se plut
A prolonger ainsi la visite indiscrète
De son cousin autant et plus qu'il le voulut.

Et, quand elle eut acquis la complète assurance,
D'avoir pris sans retour Marius dans ses lacs,
D'avoir enfin, conquis par la toute-puissance
De ses attraits ce cœur en fait d'amour si las !
Elle sortit de l'eau, de perles ruisselante ;
Dans les herbes, au pied d'un saule tremblotant,
Revêtit son peignoir et sa coquette mante,
Puis, leste regagna sa demeure en chantant.

Mais qu'est-ce? Que veut dire un semblable langage?

Me dites-vous, lecteur, je n'y comprends plus rien :

Quoi ! cette jeune fille élevée au village

Loin des séductions, dans l'exemple du bien,

Vous nous la présentez tout-à-coup impudique,

Aux regards d'un jeune homme étalant ses appas

Ni plus ni moins hélas ! qu'une femme publique.

Vous outrez, vous outrez, et ne vous comprends pas.

Cette explication sur la folle conduite

De Jenny, cher lecteur, me gêne en ce moment ;

Mon libraire m'attend, je vais dîner ensuite.

Prenez-donc au galop cet éclaircissement :

Marius était riche, une charmante chose

Que Jenny désirait ardemment; ce désir

De sa légèreté pourrait être la cause ;

La vertu devant l'or se sent souvent faiblir.

D'ailleurs, je n'ai point dit que Jenny fût un ange,

Qu'elle n'avait point lu des livres dangereux.

J'ajoute qu'elle avait un esprit fort étrange

Et naturellement pervers; c'est malheureux,

11

Mais je suis obligé d'écrire de l'histoire,

Et n'y changerais pas la forme d'un bonnet.

Dût Jenny vous paraître abominable et noire,

Je ne puis vous l'offrir autrement qu'elle n'est.

Elle aimait par instinct les plaisirs de la danse,

Les fêtes, les concerts.... Quoi de plus naturel?

Elle avait donc besoin, d'une riche alliance

Bien plutôt, selon moi, que d'un amour réel;

Car la possession d'un Don Juan, mesdames,

Vous le savez, est chose étrangère à l'amour:

C'est une question d'amour-propre de femmes,

Un désir, un moyen, souvent un mauvais tour.

Vous ne voudriez pas que Jenny fût la seule

Qui fît exeption, mesdames, parmi vous:

Vous ne voudriez pas qu'elle eût fait la bégueule,

Pour un amour des champs sacrifié ses goûts.

S'inquiétant donc peu de la vie orageuse

Du sieur de Lo'Guénô, bien que son jeune cœur

Pour lui n'éprouvât rien, elle était trop heureuse

De voir à ses genoux cet élégant viveur.

En revenant, Jenny trouva près de sa mère,

Le baron Marius, assis, riant, causant.

Mis avec élégance et dans un goût sévère,

Tout chez lui dès l'abord était satisfaisant;

Grand, large, lèvre fine et le nez fait au moule,

Les cheveurs noirs, le teint légèrement bronzé,

Il avait ce regard qui captive la foule,

Sa parole était douce et son sourire aisé.

Frondeur, amant gâté, poète à l'eau de rose,

Son rôle dans le monde avait été celui

D'un de ces élégants à qui la femme n'ose

Rien refuser, soit peur, soit calcul, soit ennui,

Soi-même, tant elle est curieuse et gourmande!

Il était donc certain de voir avec plaisir,

Que dis-je, avec transport accueillir sa demande;

Il n'eut point en effet d'obstacles à franchir.

Après les quelques mots et lieux-communs d'usage,

Quelques faibles refus faiblement motivés,

Quelque rougeur au front, un peu d'enfantillage,

Quelques charmants soupirs à propos arrivés,

Quelques larmes enfin, fictives ou réelles,
Au sujet d'une mère à qui l'on devait tant,
Choses que Marius trouva très naturelles,
Jenny tendit la main au baron palpitant.

Je ne vous dirai pas comment elle était mise
Le jour où de l'hymen elle subit les lois;
Car en fait de chapeau, de robe, de chemise,
De toilettes enfin, je suis un Iroquois.
J'adore les bijoux, la soie et les dentelles,
Sans discerner le vrai de l'imitation;
Confondant Alençon, Malines et Bruxelles,
Et les tissus de Chine avec ceux de Lyon.

Je sais bien qu'en ouvrant un magasin de modes,
Je puis à peu de frais me poser en savant,
Et m'épargner ainsi des détails incommodes,
Choses que les auteurs se permettent souvent;
Mais ici j'aime mieux agir avec franchise,
Lectrice, et vous laisser la maîtresse après tout
D'inventer pour Jenny quelque adorable mise,
Pourvu qu'elle soit riche et dans le meilleur goût.

Le quinze de juin, dans un château près Vanne,
Où Marius voulait, de son bonheur jaloux,
Passer au moins un an loin d'un monde profane ;
Jenny fit son entrée au bras de son époux.
Chacun la salua du titre de baronne,
Et tous les bons vassaux accourus pour la voir
Poussèrent un tel cri pour fêter sa personne,
Que du haut jusqu'au bas trembla le vieux manoir.

C'était un vieux château, comme au temps des croisades
En faisaient élever les seigneurs féodaux :
Fossés et ponts-levis, gigantesques arcades,
Porte en fer, cour d'honneur, tours et sombres créneaux;
Rien n'y manquait, pas même un pigeonnier classique,
Mais le tout cependant un peu modernisé;
Car, bien que Marius respectât le gothique,
Il ne s'en montrait point pour ce fanatisé.

Vestibules, salons, et chambres de l'étage,
Tout était restauré sur modèles nouveaux,
Avec ce goût charmant qui distingue notre âge.
L'ameublement lui-même, à part quelques tableaux,

Ne datait point d'un an ; mais de toutes les salles
La plus coquette était le boudoir de Jenny·
On voyait sur les murs de fraîches pastorales
Peintures d'à-propos d'un travail infini.

On aurait vraiment cru qu'une femme elle-même
Avait de ce boudoir réglé l'arrangement :
La femme en fait de goût est un juge suprême
Que l'artiste respecte et consulte humblement.
Cependant Marius, grâce à ses aventures,
A la plus exigeante aurait rendu des points :
Aussi bronzes, cristaux, linge, meubles, tentures
Avaient-été choisis et rangés par ses soins.

La campagne alentour, fillette aux fraîches joues,
Rayonnait de santé. A gauche des coteaux,
A droite s'élevait un moulin dont les roues
Aux efforts réunis de trois petits ruisseaux
Lançaient en tournoyant de blancs flocons de mousse ;
Ces trois petits ruisseaux à travers prés, sans bruit
Arrivaient au moulin par une pente douce.
Au fond un bois touffu formait un vert circuit.

Non vraiment ce manoir n'était pas à sa place ;

Assis dessus un roc il aurait été mieux ;

A la belle nature il faisait la grimace

Ainsi qu'un chat-huant qui regarde les cieux.

Telles sont du poète, hélas ! les fantaisies !

Au lieu de ce château que j'eusse préferé

Quelque charmant cottage aux vertes jalousies,

A la façade blanche, au toît rouge et lustré !

Que dans cette demeure, ô gentille brunette,

J'eusse avec toi voulu passer bien des étés !

Avec toi dans les prés cueillir la paquerette ;

Au bas de ce moulin te voir à mes côtés

Rieuse et repoussant du pied la blanche écume.

Mais fi de ces donjons qui donnent froid au cœur,

De ces vastes salons où vous guette le rhume,

Et de ces ponts-levis qui trahissent la peur.

Les fêtes n'étaient pas encore terminées

Qu'un homme, un inconnu vint sonner au château :

Il paraissait avoir trente et quelques années ;

Bien que pâle et souffrant son visage était beau,

Mais dans ses vêtements tout trahissait la gêne;
Son habit était noir, mais luisait sur le dos.
Il manda le baron et n'obtint qu'à grand peine
L'humble permission de lui dire deux mots.

Rouge et la lèvre encor humide de champagne:
« Que me voulez-vous donc, s'écria brusquement
Marius, pour venir au fond de la Bretagne
Me relancer ainsi dans un pareil moment? »
— C'est que dans l'étranger malgré son indigence
Il croyait reconnaître un ancien désœuvré
Que naguère à Paris, en mainte circonstance,
Chez un de ses amis il avait rencontré.

« J'ai su, — mais avant tout agréez mes excuses,
Monsieur de Lo'Guéné, répondit l'inconnu, —
J'ai su que délaissant les belles et les muses
Et des plaisirs mondains tout-à-fait revenu,
Vous étiez de l'hymen enfin le tributaire;
Je viens donc, appuyé par un de vos amis,
Solliciter l'honneur, soit comme secrétaire,
Soit comme régisseur, d'être chez vous admis. »

Sa parole était douce et pleine d'assurance.

Marius étonné, se récria d'abord :

Seul il pouvait suffire à sa correspondance ;

Les muses avec lui pour longtemps avaient tort....

Mais l'autre répondit d'une façon si tendre

Que, le sachant du reste intelligent et fin,

Le baron presque ému cessa de se défendre,

Et comme secrétaire il l'accueillit enfin.

Heureux, n'entrevoyant que jours d'or et de soie,

Marius désirait, convives ou laquais,

Que chacun prît sa part de plaisirs et de joie,

Car l'homme est ainsi fait : triste, il trouve mauvais

Qu'on rie autour de lui ; gai, dans son despotisme

Il veut qu'autour de lui l'on rie incontinent.

Au reste, nous devons l'avouer, l'égoisme

N'était point du baron le défaut dominant.

Or, les jours s'écoulaient dans une longue ivresse,

Au point que Marius, oubliait de bon cœur

Paris, Paris lui-même, et renonçait sans cesse

Au projet d'y venir étaler son bonheur.

De Jenny cependant ce n'était pas l'affaire :
Mais elle désirait avant que d'ordonner
Captiver son époux, se rendre nécessaire,
Connaître à fond son cœur pour le mieux gouverner.

Marius bénissait tout haut les Dieux propices,
Le plus bel avenir lui semblait réservé :
Tout allait au-devant de ses moindres caprices.
Il n'était jusqu'à Frank, le nouvel arrivé,
Qui, pour plaire au baron, n'imaginât sans cesse
Quelques plaisirs nouveaux, propres à réveiller
Son esprit assoupi par une longue ivresse....
Ce Frank était vraiment un homme singulier.

Jadis comédien, puis valet-secrétaire,
D'un de ces écrivains riches, mais sans talent,
Jeunes et beaux lions, rimant pour se distraire
Et payant à prix d'or un succès insolent,
Il avait plus souffert que joui de la vie.
Obligé de plier aux moindres volontés
D'un maître pétulant, dévoré par l'envie,
N'ayant rien qui calmât ses esprits irrités,

Ne fût-ce qu'un ami, ne fût-ce qu'une femme !
Par le contact du monde à chaque instant meurtri,
Il avait amassé force fiel en son âme ;
Dans les privations son cœur s'était aigri.
Il était devenu méchant, fourbe, hypocrite,
Se promettant qu'un jour, las de tendre la main,
Il prendrait place aussi dans ce monde d'élite,
Dût-il se détourner un peu du droit chemin.

Gai, souple, insouciant, il avait su sans peines
S'attacher le baron jusqu'à l'intimité ;
Il connaissait de lui quelques vieilles fredaines,
Ce qui ne nuisait pas à son autorité.
Car on se sent toujours petit vis-à-vis l'homme
Confident ou témoin de nos égarements,
Fût-il notre laquais, et l'on préfère en somme
Acheter son secret par des ménagements.

Puis Marius avait une vague espérance
Que sa femme ignorait son passé turbulent,
Et quand elle en parlait, jouant l'insouciance,
Il répondait à peine et sur un ton dolent.

Dédaigneux, disait-il, de faciles conquêtes,
Promenant en tous lieux un front triste et rêveur,
Le céleste idéal qu'il cherchait dans les fêtes,
De frivoles amours avaient sauvé son cœur.

Et Jenny souriait tout en feignant de croire
Pendant que Marius se frottait le menton,
Comme s'il eût gagné quelque grande victoire.
Il en est de moins fous, certes, à Charenton!
Car enfin, qui saurait tromper un cœur de femme,
Cet Argus dont les yeux, toujours sur vous braqués,
Vont guettant vos pensers; sur le seuil de votre âme,
Espions vigilants nuit et jour embusqués.

Rien n'est pernicieux comme la rêverie,
Nous l'avons dit plus haut et nous y revenons.
Sur les plaisirs bruyants, en vain, on se récrie:
Quant à nous, pour motifs, nous les chaperonnons.
J'abhorre cette femme, amante de l'étude,
Sacrifiant le monde à ses modestes goûts,
Toujours le livre en main, cherchant la solitude,
Et plains en la voyant son malheureux époux.

Ah! que j'aime bien mieux cette femme gentille
Qui chante tout le jour comme l'oiseau des bois,
Qui ne vous laisse pas un seul instant tranquille,
Vous agaçant des yeux, du geste ou de la voix.
La voyez-vous courir dans les vertes allées,
Venir vous retrouver, vous, triste promeneur,
Vous effleurer la joue, et de ses mains ailées
Arracher votre livre et rire de grand cœur?

La voyez-vous encor dans nos brillantes fêtes,
Gracieuse, enjouée, animer tout un bal;
Tourner innocemment vieilles et jeunes têtes,
Sourire à ses danseurs d'un sourire amical;
Ecouter leurs aveux, rieuse, sans colère,
Les éconduire tous sans faire un mécontent;
Se souvenant toujours qu'elle est épouse et mère,
Et que le seul bonheur auprès des siens l'attend.

N'ayant point pour songer une heure de loisible,
Elle ne perdra pas de précieux moments
A rêver sous l'ombrage un époux impossible,
A vouloir qu'il ressemble aux héros des romans,

Qu'il ait l'œil inspiré, la parole puissante,

Les traits nobles, le front rêveur et dévasté,

Trouvant de mauvais ton sa santé florissante,

Déplorant son teint rouge et son obésité.

Ah ! craignez que l'ennui s'empare d'une femme,

Et qu'aux auteurs du jour elle aille demander

Les plaisirs que de vous en vain elle réclame :

Car les livres, quand rien n'est là pour la guider,

Sont plus pernicieux pour son âme crédule

Que les séductions d'un élégant valseur ;

Car tout, bon et mauvais, en elle s'accumule,

Et le mauvais toujours l'emporte dans son cœur.

Le soir, près d'un foyer qu'elle trouve maussade,

Pendant que son époux s'endort sur un journal,

Le nez dans ses romans, elle se persuade

En retrouver plus tard le héros dans un bal ;

Déjà même à ses yeux son portrait se dessine,

Et si pour se coucher son mari l'interrompt,

Vers le lit conjugal elle le suit chagrine

Et c'est d'un air boudeur qu'elle lui tend le front.

Et voilà cependant la fâcheuse habitude
Qu'avait fait à Jenny prendre l'isolement,
N'ayant eu que ses fleurs, ses oiseaux et l'étude
Pour uniques plaisirs : privée imprudemment
Des fêtes, des concerts, des danses, de la ville,
Malgré tout le désir qu'elle en pût éprouver,
La charmante récluse en son modeste asile
S'ennuyant un beau jour s'était mise à rêver.

Il arrive parfois qu'en rêvant on soupire
Et Jenny pour sa part bel et bien soupirait ;
Or le proverbe dit : « Qui soupire désire. »
L'espoir suit le désir : Jenny donc espérait.
Elle espérait qu'un jour, descendant la colline
Quelque bel inconnu l'apercevrait de loin :
Sans doute un élégant de la ville voisine,
De rêvasser comme elle éprouvant le besoin.

Dans son étonnement il s'approcherait d'elle,
Et leurs regards troublés se rencontrant soudain,
Tous les deux rougiraient, et lui, la trouvant belle,
Reviendrait le soir même, et puis le lendemain.

Il viendrait visiter sa demeure modeste ,
Parlerait à sa mère, et, petit-à-petit ,
Le hasard et l'amour arrangeraient le reste....
Le hasard et l'amour ont souvent tant d'esprit !

Puis elle se voyait dans un bel équipage,
Car l'époux serait noble et des plus fortunés;
Chacun la saluait et lui rendait hommage,
Au bal tous les regards sur elle étaient tournés ;
Qu'ils sont bien, disait-on en les voyant paraître ,
Quelle toilette riche et quels charmants bijoux ,
Comme il paraît l'aimer ! il est jaloux peut-être !
On dirait deux amants et non pas deux époux.

Des projets de Jenny, selon la loi commune ,
Un seul (c'était vraiment à maudire le sort)
S'était réalisé : celui de la fortune.
Car bien qu'encore jeune et d'un aimable abord,
Marius était loin de remplacer pour elle
Le bel adolescent qu'elle avait tant rêvé !
Ce n'était qu'un viveur, une pauvre cervelle ,
Un fat malgré les ans, assez bien conservé.

Encor, disait Jenny, si par cette fortune
J'arrivais quelque jour au but de mes désirs !
Sauf l'amour (dans la vie importante lacune)
J'aurais du moins connu le monde et ses plaisirs.
Mais, ô déception ! entêté comme un page,
Monsieur de Lo'Guéné n'entendait pas raison,
Et se trouvant heureux au fond de son village,
Voulait même y passer la mauvaise saison.

Jenny s'ennuyait donc : quand on s'ennuie, on baille ;
On cherche les moyens de ne plus s'ennuyer,
On descend à causer avec la valetaille ;
Dût-on même accoster un pauvre chevrier,
On est heureuse encor de se pouvoir distraire ;
Faute de chevrier, Jenny se contentait
De causer avec Frank. L'aimable secrétaire
Par son brillant esprit, l'émouvait, l'enchantait.

Pendant que Marius s'en allait à la chasse,
Visitait ses fermiers, ce qu'il faisait souvent,
Jenny, lasse d'errer dans son parc et plus lasse
De son isolement, gagnait tout en rêvant

Un petit bois voisin, s'asséyait sur la mousse,
Et sous un chêne épais s'abritant du soleil,
Ecoutant des oiseaux la voix plaintive et douce,
Elle s'abandonnait quelque temps au sommeil.

Un jour en s'éveillant, elle vit devant elle
Frank, pensif et debout. Elle rougit d'abord.
« Madame, lui dit Frank, vous êtes jeune et belle:
Je n'ai jamais aimé.... » — Jenny rougit plus fort
Et voulut se lever. — Mais lui, tremblant et blême :
« Madame, dès ce soir, vous me ferez chasser
Peut-être, mais au moins sachez que je vous aime !
Et maintenant, pardon si j'ai pu vous blesser. »

Pendant qu'il lui parlait, Jenny vit une larme
Briller aux yeux de Frank ; cette larme fit bien.
Les pleurs ont en amour sur la femme un tel charme
Que souvent pour répondre elle ne trouve rien.
Jenny fit un effort : « Y pensez-vous, dit-elle,
O Frank! voilà, monsieur, des aveux singuliers ;
Sans doute, le baron vous attend, vous appelle.
Mon Dieu ! que faites-vous ! » — Frank était à ses pieds.

« Madame., disait-il, vous n'êtes pas heureuse. »

— Jenny se récria. — Mais lui, l'œil animé :

« Ah ! de me l'avouer, ne soyez pas honteuse ;

Vous êtes comme moi, vous n'avez point aimé.

Oui, d'un sincère amour votre cœur vierge encore

N'en a jamais senti le moindre battement ;

Eh ! bien, cet amour vrai, je veux l'y faire éclore,

Madame, je vous aime, et serai votre amant. »

Lecteur, vous souvient-il de ces chaudes journées,

Au temps de la moisson, quand l'août touche à sa fin,

De ces heures d'amour pas à pas égrenées

Ainsi qu'un chapelet tout le long du chemin !

Vous voyez-vous encor sous l'ombrage des chênes,

Debout et contemplant votre amante qui dort,

Écartant de son front moucherons et phalènes,

Suppliant le ramier de roucouler moins fort.

Soudain, le rossignol soupire, elle s'éveille ;

Et ses yeux allanguis s'en vont cherchant vos yeux,

Et sur sa bouche rose à tromper une abeille,

Elle appelle un baiser brûlant comme ses feux !

Ah! s'il vous en souvient, cher lecteur, en revanche,
Ne trouvez pas de Frank les propos offensants,
Et songez à l'amour, qui derrière une branche,
Lui décochait au cœur ses traits les plus perçants.

N'accusez pas non plus Jenny d'être légère,
De ne point dire à Frank mille méchancetés,
De ne point se fâcher ainsi qu'une mégère,
Qui, cachant avec soin ses infidélités,
S'offense d'un propos dont une autre s'amuse.
Non, dites que son cœur n'était pas prémuni
Contre ce petit Dieu, ce maître en fait de ruse,
Qui, tout en blessant Frank, n'épargnait pas Jenny.

Jenny, pâle et sans voix, demeurait confondue;
Mais pendant qu'il cherchait à lui prendre la main
Elle s'était levée, et fuyait éperdue
Regagnant le château par un autre chemin.
Feignant une migraine, aussitôt arrivée
Elle s'enferma seule et se prit à pleurer;
Sans amis, sans conseils, et déjà captivée,
Elle sentait son cœur tout prêt à s'égarer.

Soudain ayant jeté les yeux sur une table,
Elle y vit un papier qui, je ne sais comment,
S'en était venu là. Jenny, chose louable,
Voulut le déchirer dans le premier moment :
Mais bientôt, fille d'Ève, elle gagna sa couche,
Sourit, ouvrit la lettre et la relut trois fois.
Frank assis sur un banc, le cigare à la bouche,
Causait près du baron d'une coupe de bois.

Frank était amoureux de sa belle maîtresse,
Amoureux à se pendre et même à se damner ;
Sous les dehors trompeurs d'une aimable tendresse
Il n'avait pas été longtemps à deviner
Que l'amour de Jenny n'était qu'hypocrisie,
Que l'hymen lui pesait comme pèse un devoir,
Et sachant qu'en amour tout n'est que fantaisie,
De se faire agréer il nourrissait l'espoir.

Il combattit pourtant la première semaine,
Essayant de chasser cet amour de son cœur ;
Ridicules efforts ! lorsque l'amour nous mène
Il faut bon gré malgré suivre ce dieu moqueur.

17

L'amour est après tout une si douce chose !
Le devoir est un mot qui résonne si mal !
Et puis quand la beauté comme Jenny s'impose
Par sa beauté, comment fuir son charme fatal ?

Au reste, aimer Jenny n'était pas difficile,
Car elle possédait tout ce qui fait aimer :
Beauté, grâces, esprit naturel et facile,
Plus qu'il n'en faut enfin pour séduire et charmer.
Paris même, ce trône où siègent tant de reines,
Pour la posséder seule eût secoué bien loin
Ses idoles du jour, charmantes souveraines
Que le caprice élève et relègue en un coin.

Tout, dans cette admirable et puissante nature,
Tout, jusqu'à son parler, était étrange et beau.
On respirait près d'elle un parfum de luxure
Qui tourmentait le cœur et troublait le cerveau.
Quand brillaient ses yeux noirs, quand sa bouche rieuse
S'entr'ouvrait, quand son sein, gonflé par le désir,
Se mouvait sous les plis d'une étoffe soyeuse,
Frank détournait les yeux et se sentait mourir.

Dans son épître, Frank, comme bien on le pense,
Parlait de son amour non pas à mots couverts,
Mais avec cet entrain, cette chaude éloquence
Qui vous mettent si bien une tête à l'envers.
Aussi, le lendemain, voyant la jeune femme
Vers le charmant bosquet aventurer ses pas,
Il s'en fut la rejoindre et parla de sa flamme :
Jenny parut d'abord ne le comprendre pas.

Mais Frank, joignant les mains, prit une voix si tendre
Que Jenny ne fit plus semblant de se sauver.
Il raconta sa vie, ayant soin de s'étendre
Sur le peu d'intérêt qui pouvait s'y trouver,
Mais il en tût le mal. Il se fit un mérite
De son ambition et de sa pauvreté,
Se posant en Werther, cœur sombre, âme d'élite,
Martyr des préjugés de la société.

Ardent à parvenir il s'était vu sans cesse
Repoussé par un monde ignorant et jaloux,
Un monde toujours prêt à blâmer qui professe
La moindre opinion opposée à ses goûts ;

N'aimant que l'homme vil qui le flatte et qui l'aime,
Monde égoïste enfin et qu'il avait grand soin
De personnifier dans le baron lui-même,
Brandissant dans l'espace un implacable poing.

Pour gagner lestement le cœur de sa maitresse
Passe encore de faire un peu le fanfaron :
Mas Frank peu satisfait eut de plus la bassesse
D'abuser lâchement des secrets du baron ;
Dévoilant son passé, présentant comme un crime
Les amoureux méfaits que nous jalousons tous,
Et changeant en dégoût sinon l'amour, l'estime
Que pouvait éprouver Jenny pour son époux.

Il ajouta qu'un soir devant quelques convives,
Laissant grâce à l'ivresse échapper son secret,
Marius avait fait en couleurs un peu vives
De la belle Jenny le séduisant portrait;
Et que lui, Frank, troublé jusques au fond de l'âme,
N'avait pu qu'en sortant dérober sa rougeur,
Résolu de connaître à tout prix cette femme
Qu'il adorait déjà dans l'ombre de son cœur.

Cette péroraison était un gros mensonge ;

Mais que ne croit-on pas lorsque l'on aime bien !

Quand le cœur seul écoute ! Et puis, que l'on y songe,

Frank avait autrefois été comédien.

Aussi, quand il osa de la belle farouche

Prendre la blanche main en poussant un hélas !

Et, l'œil étincelant, la porter à sa bouche,

Je crois fort que Jenny ne la retira pas.

Dans cette circonstance, elle n'avait point, certe,

A combattre un amour, fût-il même aux abois ;

De plus, tout à l'envi l'entraînait à sa perte :

L'amour vrai, les ennuis, les rêves d'autrefois.

Pas un conseil de mère ! Ardente, fascinée,

Elle ne vit dans Frank qu'un homme malheureux

Parcourant le front haut sa rude destinée,

Esprit charmant, cœur noble et de plus amoureux.

Il restait ses devoirs d'épouse honnête et sage ;

Elle en fit bon marché, n'ayant jamais compris

Le devoir sans l'amour. Vous rougissez, je gage,

Lectrice, et vous, lecteur, vous couvrez de mépris

Cette façon de voir; comme vous, je la blâme :
Mais, bien que déplorant ces errements du cœur,
Je ne puis à mon gré changer l'homme ou la femme,
Et je suis avant tout fidèle narrateur.

Marius remplissait ses charges conjugales
Avec plaisir; toujours attentif, empressé,
Il voulait qu'en bonheur Jenny fût sans rivales :
Aussi de tous ses soins fut-il récompensé.
Au bout d'un an, Jenny, jugez de son ivresse,
Lui fit présent d'un fils que l'on nomma Gaston,
Marius dans sa joie allait, venait sans cesse,
Baisant tantôt Jenny, tantôt son rejeton.

C'était un bel enfant, un petit ange rose,
Rose comme les fleurs du sauvage églantier;
Mais il avait surtout une drôle de chose
Au-dessous du sein gauche, un signe singulier
Et qui prêtait à rire : une patte de lièvre
Ayant de jaunes poils et le bout encorné.

La mère devint rouge et se mordit la lèvre
Lorsqu'on lui présenta son gentil nouveau-né.

Marius, confiant dans la noble conduite
De Jenny, regarda ce signe en connaisseur :
Il augura de là que son fils, par la suite,
Deviendrait un Nemrod, un élégant chasseur,
La terreur des chevreuils et des oiseaux de proie,
Et qu'aux chasses à courre on le verrait briller.
Quant à notre ami Frank, pour témoigner sa joie,
Il s'enivra deux jours avec le sommeiller.

On voit, avouons-le, des choses incroyables ;
Des femmes, des beautés, accoucher de marmots,
De maigres avortons laids comme tous les diables,
Sourds, aveugles, bossus, muets, borgnes, manchots.
L'époux est cependant bâti comme un Hercule ;
Ses traits sont réguliers. D'où vient ce résultat,
D'où vient cet être faible, incomplet, ridicule,
Sous les traits d'un renard, d'une chèvre, d'un rat ?

Souvent pendant neuf mois, le père, homme sensible,

Se berce nuit et jour de rêves enchanteurs ;
L'enfant aura son nez, son front large et paisible,
Sa bouche, son regard, ses mollets séducteurs.
« Regarde-moi, dit-il à sa compagne sage,
Regarde-moi souvent, regarde-moi toujours ;
Que dans ton tendre cœur s'incruste mon image,
Que je lègue mes traits au fruit de nos amours. »

Arrive cependant le jour de délivrance :
L'enfant a les cheveux d'un admirable roux,
Mais ceux des mariés n'ont point cette nuance ;
Cet œil d'un pâle bleu n'est point l'œil des époux ;
Cette bouche non plus. Ils n'ont ni l'un ni l'autre
Ce signe sur le bras ?.... Le père, anéanti,
Se demande d'abord : « Serait-ce bien le nôtre ? »
Puis, comme Marius, il en prend son parti.

Or voilà que deux jours après sa délivrance,
La fièvre de Jenny s'empare méchamment.
Marius, disons-le, dans cette circonstance,
Montra pour son épouse un entier dévouement ;
Mais la fièvre, malgré tout ce que l'on put faire,

Marcha rapidement et gagna le cerveau.

Notre héros trembla, lui calme d'ordinaire,

Pressentant qu'un malheur planait sur le château.

La malade bientôt fut en proie au délire,

Ne reconnaissant plus son enfant, son époux,

Souriant quelquefois, mais d'un vague sourire

Comme l'on en surprend sur les lèvres des fous.

Puis elle s'éveillait après un faible somme,

La joue en feu, l'œil fixe, elle se soulevait

Sur sa couche, et cherchait dans le vide un fantôme

Évoqué par la fièvre auprès de son chevet.

« De grâce, éloigne-toi, va-t-en, s'écriait-elle,

Va-t-en, ne vois-tu pas que nous sommes trahis;

Marius est là-bas caché dans la tourelle....

Hélas! nous avons beau nous faire tout petits,

Son œil nous suit partout et perce la charmille.

Il a vu nos baisers. Ah! fuis, te dis-je, fuis....

Ce n'est rien, me dis-tu, c'est le soleil qui brille.

C'est vrai.... c'est le soleil.... Ah! folle que je suis! »

Ses paroles étaient vagues, interrompues
Par de fréquents soupirs, des larmes, des hélas!
Suppliantes tantôt et tantôt absolues;
Souvent le nom de Frank s'y mêlait, mais bien bas.
Alors, comme sortant d'un rêve épouvantable :
« Pardon, s'écriait-elle, ô Marius, pardon! »
Et puis elle ajoutait : « Je ne suis pas coupable! »
Et joignait ses deux mains, charmante d'abandon.

Or Marius trouvait ces choses assez drôles,
Mais, n'y comprenant rien, il se contentait donc
De ramener les draps sur les blanches épaules
De la pauvre Jenny, de la baiser au front,
Et de la supplier de demeurer tranquille,
L'assurant qu'aussitôt que faire se pourrait,
Cédant à ses désirs, sous la verte charmille,
Bras dessus, bras dessous il la promènerait.

Bientôt dans sa folie on la vit se complaire
A prononcer tout haut le nom de Frank. Un soir,
Elle cria ce nom plus haut qu'à l'ordinaire;
Frank, qui rôdait sans cesse à l'entour du boudoir,

Épiant le moment de voir la jeune femme,
Profita de l'appel, et, jouant l'embarras,
Il entra dans la chambre et salua Madame,
Tenaut les yeux baissés et marchant pas à pas.

En le voyant entrer, Marius en colère,
Lui fit en murmurant le geste de sortir,
Ce dont Frank paraissait ne se soucier guère,
Pourtant à contre cœur il allait obéir;
Mais Jenny l'ayant vu du fond de sa ruelle,
S'élança de sa couche et bondit jusqu'à lui.
« Frank, ô mon bien-aimé, Frank, sauve-moi, dit-ell
Ne laisse pas la mère et l'enfant sans appui. »

Puis soudain le regard animé par la fièvre,
Ses longs cheveux épars et les bras étendus :
« Arrache de ton sein cette patte de lièvre,
Arrache-la, fit-elle, où nous sommes perdus.
Marius connaît tout! Ah! Marius, de grâce,
Prends pitié, prends pitié de mon abaissement. »
Et tombant à genoux, en se cachant la face,
Elle s'évanouit aux pieds de son amant.

Le baron crut rêver ; il vola vers sa femme,

Et considéra Frank qui, reculant en vain,

Cherchait du pied la porte, et, prêt à rendre l'âme,

Dérobait sa poitrine en y portant la main.

Tout-à-coup une idée, idée épouvantable,

Lui traversa la tête, à lui, fol imprudent ;

En un instant, pour lors, d'un passé déplorable

Il vit se dérouler jusqu'au moindre incident.

Dans cet homme rampant soumis à ses caprices,

Il ne vit plus qu'un fourbe, un traître, un séducteur,

Il fut épouvanté de ses noirs artifices ;

Et s'élançant sur lui, superbe en sa fureur,

Il le saisit d'abord comme un chien qu'on maîtrise,

Par le cou ; Frank hurla dans un coin maintenu.

Marius arracha sa veste et sa chemise,

Et mit dans un clin d'œil col et poitrine à nu.

Un sourd rugissement se fit alors entendre....

C'est qu'aussi Marius rageait étrangement ;

Au sein gauche de Frank il venait de surprendre

Le signe que portait l'enfant que sottement

Il avait cru le sien : une patte de lièvre,

Ayant de jaunes poils et le bout encorné !

Voilà pourquoi, Jenny, vous vous mordiez la lèvre,

Lorsqu'on vous présenta votre beau nouveau-né.

———————

Échappé, non sans peine, à l'étreinte puissante

Du baron, Frank ne dut son salut qu'en fuyant ;

Abandonnant Jenny, qui, dans la nuit suivante,

Expirait au milieu d'un délire effrayant,

Tendant sans cesse à Frank ses deux mains amaigries,

De leurs belles amours évoquant le passé,

Saluant de la voix ses bosquets, ses prairies,

Et n'ayant pour l'époux qu'un regard insensé.

Bien que saisi d'horreur après pareille fête,

Notre héros tint bon. Il prit sous son manteau

L'enfant à moitié nu ; puis roulant dans sa tête

Mille projets divers, il quitta le château

Jetant au vieux manoir un regard de rancune.

Celui-ci répondit par un ricanement :

Quelque hibou sans doute adressant à la lune
Dans son rauque langage un rauque compliment.

Tantôt par les sentiers, tantôt le long des routes
Courant à travers champs et sautant les ruisseaux,
Les pieds endoloris, suant à grosses gouttes,
Il fut toute la nuit sans prendre de repos ;
Tenant dessous le bras en guise de valise,
L'enfant qu'il regardait comme un épouvantail,
Enfin, quand vint le jour avisant une église
Il fut le déposer sous le sombre portail.

Puis il gagna Paris vieilli, méconnaissable,
Et sous un autre nom dissipa tous ses biens
En luxe de chevaux, de femmes et de table,
S'accolant sans pudeur à d'ignobles vauriens.
On prétend qu'en menant cette vie incongrue,
Il mangea plus de trois millions en seize ans,
Un jour il se trouva bel et bien sur la rue
N'ayant plus au gousset que quarante-cinq francs.

Que quarante cinq francs ! la somme était modeste

Mais il avait vécu, certes et largement.

Pour lors il fit l'achat d'une corde, et du reste

Loua pour quinze jours un bel appartement.

Quelque peu dégoûté des hommes et des choses

N'ayant plus de quoi vivre, et sans nul avenir,

Peut-être même encor pour plusieurs autres causes,

Il avait résolu de s'aider à mourir.

Seize ans s'étaient passés depuis le triste drame

Dont nous avons parlé, sans que même à prix d'or

Rien ne l'eût renseigné sur l'amant de sa femme;

Il avait parcouru, mais vainement encor,

La France, l'étranger, les villes, les campagnes,

Les sombres carrefours que renferme Paris,

De Brest et de Toulon visité les deux bagnes;

Il revenait toujours sans avoir rien appris.

Cherche et tu trouveras, dit pourtant l'Évangile :

L'Évangile mentait en cette occasion.

Chercher est après tout une chose futile :

Mieux vaut, quand vient le soir, en contemplation

Regarder le ciel bleu, regarder les étoiles,

Des fleurs autour de soi respirer les parfums,
Ou sur la grève assis suivre au lointain les voiles,
En lançant dans la mer de petits galets bruns.

Mais fi ! de s'en aller ainsi de par le monde,
Toujours l'oreille au guet, battant chaque buisson :
Certes, mieux vaut attendre aux bras de quelque blonde
Que le hazard vous serve un plat de sa façon ;
Qu'un jour votre ennemi, vous offrant vos revanches
S'en vienne poings liés se livrer à vos coups :
Alors on se redresse, on retrousse ses manches,
On roule de gros yeux.... Mais où diable allons nous?

En cherchant dans la chambre, un crochet, une place
Propre à sa pendaison, Marius se souvint
D'avoir vu des pendus. La vilaine grimace
Qui suit leur agonie à l'esprit lui revint,
Il se vit exhibant une langue effroyable ;
Cet œil fixe injecté de sang l'effaroucha.
Il se mit à songer, et trouvant préférable
De se laisser mourir de faim, il se coucha.

Il aurait pu rester très longtemps de la sorte
Sans qu'amis ou parents vinssent le visiter,
Mais au bout de deux jours on frappait à sa porte :
C'était le vieux portier qui venait de monter,
Brave homme s'inclinant au doux nom de Narcisse,
Qui sans doute inquiet venait sournoisement
Savoir si rien là-haut n'exigeait son service.
Marius répondit par un gémissement.

En deux coups le portier fit sauter la serrure
Et trouvant Marius d'une horrible pâleur,
Il suivit le penchant de sa bonne nature
Et s'en fut requérir le prêtre et le docteur.
Il advint que le prêtre arriva le plus vite :
C'était un homme maigre, assez vieux, assez laid,
Voûté, grisonnant, l'œil enfoncé sous l'orbite,
Roulant entre ses doigts les grains d'un chapelet.

Mon cher frère, dit-il, d'une voix douceureuse,
Sans doute c'est pour vous qu'on m'a fait appeler :
Si donc de s'épancher votre âme est désireuse,
J'écoute, je suis prêt. En entendant parler

Marius, qui montrait au prêtre un dos profane,
Se retourna soudain... O surprise du sort,
Frank était là-debout en rabat, en soutane ;
Frank, ce loyal ami qu'hélas ! il croyait mort.

Déjà depuis seize ans à tous les saints du monde
Il avait demandé, mais hélas ! vainement,
De lui livrer cet homme, une heure, une seconde,
Le temps de le pouvoir étrangler seulement.
Il en désespérait, lorsque la providence,
Avant que de mourir accomplissant son vœu,
Lui donnait les moyens d'assouvir sa vengeance :
Aussi son œil brilla d'un bien étrange feu.

Il puisa dans sa joie une force d'hyène :
« Enfin, s'écria-t-il d'un sombre éclat de voix
Qui fit trembler le prêtre, enfin le ciel t'amène,
Frank, et te livre à moi : viens ! » Puis ouvrant les doigts
Il lui saisit la gorge et dans ses mains tenaces
Il l'étreignit si fort que le prêtre aussitôt
Devint rouge, bleu, noir, fit d'horribles grimaces
Et tomba lourdement sans prononcer un mot.

Au bruit que fit le corps du prêtre dans sa chute
Le portier accourut suivi de curieux
Charmés d'être témoins d'une chaude dispute;
Mais voyant Marius frapper en furieux.
Et mordre à belles dents le cadavre du prêtre,
Ils sautèrent sur lui; l'un lui saisit le bras,
L'autre le prit au col, et l'on s'en rendit maître
Après quelques instants et sans trop d'embarras.

Surveillé nuit et jour avec un soin extrême,
Monsieur de Lo'guénô n'aurait pu sans éclat
Attenter à ses jours; il ne songea plus même
A se laisser mourir de faim sur son grabat.
Non, ayant satisfait son terrible caprice,
Vengé bien au-delà de ce qu'il espérait
Calme, il s'abandonnait à l'humaine justice
Quelque fût après tout son inflexible arrêt.

Son procès dura peu. Grande était l'affluence,
On n'assassine pas un prêtre tous les jours.
Quand on l'interrogea sur son nom, sa naissance,
Son pays, le baron dit qu'il était de Tours,

Qu'il s'appelait Jean-Pierre, et déclinant son âge
A toute autre demande il ne répondit plus.
L'intimidation, les promesses, l'outrage,
Petits et grands moyens, tous furent superflus.

Ce silence obstiné nuisit à son affaire,
Il fut sur tous les points accablé, confondu.
Le remords, disait-on, l'obligeait à se taire ;
Devant un tel forfait il se sentait perdu.
Assassiner un prêtre ! un prêtre sans défense !
Un prêtre qui venait pour l'aider à mourir !
De la vertu chrétienne, ô triste récompense !
Crime que l'échafaud n'aurait su trop punri.

Et bien qu'ils fussent tous étrangers à la chose
On accusa le siècle et nos brillants esprits ;
On accusa Voltaire et sa divine prose ;
Ce crime était le fruit de leurs damnés écrits
Cet homme avait subi leur funeste influence.
Il était l'instrument d'anti-prêtre insensés ;
De plus comme il arrive eu mainte circonstance
La plupart des jurés étaient las, affaissés...

L'un n'avait pas encor mangé depuis la veille,

L'autre était sous le poids d'une indigestion ;

Un autre sommeillait comme un rentier sommeille...

Marius était beau de résignation....

Vainement l'avocat fit valoir sa défense,

Il fut tout d'une voix condamné comme un gueux

A la peine de mort. On lui lut la sentence,

Il sourit et passa la main dans ses cheveux.

Le baron, dédaigneux de tout retour en grâce,

Apprit sans sourciller le moment souhaité

Qui lui devait montrer le bourreau face-à-face.

Il pria seulement qu'il lui fut apporté

Un verre de Madère. On lui fit la toilette ;

Il avala d'un trait le Madère, alluma

Un cigare, et sauta dans la sombre charrette,

En fredonnant un air que l'aumônier blâma.

Sur la paille, accroupi, sans dire une parole,

Il suivait du cheval le monotone pas.

Vainement l'aumônier, de sa voix bénévole

L'engageait à prier, il ne l'écoutait pas,

Ou, pour toute réponse, au nez du digne prêtre
Ses lèvres s'entrouvrant lançaient négligemment
Un long jet de fumée, indécence peut-être
Dont Dieu lui réservait là-haut le châtiment.

Jamais un condamné ne parut plus docile :
Parvenu sans encombre au bas de l'échafaud,
Il monta les degrés d'un pied leste et facile,
Résolu de mourir en homme comme il faut.
Puis, jetant à la foule, en guise de morale,
Un reste de cigare, il découvrit son cou
Et l'essaya dessus la planchette fatale,
Semblant prendre plaisir à ce nouveau joujou.

Pour s'amuser ainsi la place était fort laide,
Le bourreau sourit même à ce jeu puéril,
Et de sa rude voix, s'adressant à son aide :
« Allons, *Patte-de-Lièvre*, attention, dit-il. »
A ces mots, à ce cri pour tout autre risible,
Marius tressaillit, sa prunelle flamba,
Il voulut regarder... Mais de sa main terrible
Le bourreau le maintint et... le couteau tomba.

Sequedin, Juin 1853.

UN RÊVE.

Par un baiser, de la potence
Tu m'as sauvé sans le savoir :
Ecoute, Jeanne, et tu vas voir.

Au fond d'une forêt immense
Je me promenais en silence,
Pressant le pas, craignant le soir,
Quand au milieu d'une clairière
Petite, sombre, singulière,
Tout en marchant je me trouvai :
Sans doute plus d'une sorcière
Y faisait rôtir le balai,
Car jamais endroit plus propice
Ne me parut au maléfice
Que ce rond-point mystérieux.

La douce lumière des cieux

Ne s'y faisait jour qu'à grand peine

A travers le sapin, le chêne,

Dont les branches se rencontraient,

S'entrelaçaient et figuraient

Par dessus ma tête une voûte.

Un peu fatigué de la route

J'allais m'asseoir, quand mon regard

Allant et venant au hasard

Surprit sous un orme, à l'écart,

Des femmes, des beautés étranges

Blanches, hélas! comme les anges

Qui font l'ornement des tombeaux.

Assises sur des escabeaux,

Les yeux baissés et sans mot dire,

Bien plus encore sans sourire,

Elles filaient un chanvre blond

Comme tes cheveux blonds, Jeannette.

Pourtant à défaut de causette

Quelquefois un soupir profond,

Soupir étouffé, gros de larmes,

Se mêlait au bruit du rouet.

Devant ce tableau plein de charmes
Je demeurais triste et muet :
Il me semblait que ces fileuses,
Dans leurs gestes si gracieuses,
Avaient déjà frappé mes yeux.
De mon naturel curieux,
Auprès de ces étranges belles
Petit à petit je m'en fus,
Et m'adressant à l'une d'elles
Qu'à son œil noir je reconnus :
« Quoi ! vous ici, dis-je, Louise ! »
Et vers d'autres me retournant : —
Quoi ! m'écriai-je incontinent,
Vous aussi Blanche, et vous Élise,
Jusqu'à vous, aimable marquise,
Toutes plus belles que jamais,
Bien que pâles cependant, mais
La fraîcheur du temps en est cause.
Il me semble rêver, je n'ose
En croire encor mes pauvres yeux :
Quoi ! toutes ensemble en ces lieux !
M'apprendrez-vous, mes tourterelles,

De ces choses surnaturelles
Le secret vraiment merveilleux ....
Je brûle de savoir.... — Mais elles :
« Traître, tu le sauras bientôt. » —
Mais au moins, leur dis-je, un seul mot :
Pourquoi filer ce chanvre jaune ? —
Toutes d'une voix monotone :
« Dans un moment, jeune insensé,
Tu le sauras. » — Un peu lassé,
Auprès d'autres je m'adressai :
Même froideur, même réponse.
Pour lors, triste et déconcerté
Comme un enfant que l'on semonce,
D'un air boudeur je les quittai
Et sous un chêne m'abritai.
De là je vis toutes ces belles
Réunir le chanvre filé,
Et de leurs mains blanches et frêles,
Quand il fut en mont rassemblé,
En tresser une longue corde
En murmurant : « Miséricorde !
Miséricorde ! quel trépas !

Mourir si jeune ! hélas ! hélas ! »

Je remarquai pourtant qu'Élise,

La moins âgée après Louise,

Y mettait peu d'empressement,

S'arrêtant même par moment;

Mais en revanche la marquise,

Pour un motif apparemment

Roulant des yeux pleins de colère,

A ce travail semblait se plaire.

Blanche tressait d'un air boudeur :

Jenny s'essuyait la paupière

Et paraissait à contre-cœur

Mettre les mains à cette corde.

Cependant j'entendais toujours

Les mots hélas !... miséricorde !...

Non, la justice aura son cours !

Je commençais à trouver certes

Ce jeu fort peu récréatif,

Quand je vis derrière un massif

Des hommes s'élancer alertes :

Jeunes amants et vieux époux

Dont jadis quelque peccadille,

Un amour de femme ou de fille,

M'avait attiré le courroux.

Or en les voyant, les fileuses

Les yeux baissés, comme honteuses,

Vinrent près d'eux la corde en main;

Debout auprès d'un jeune tremble

Je les vis discuter ensemble;

J'écoutai, de fuir incertain,

Et j'ouïs ces sombres paroles:

« Grâce pour lui, grâce! — Non, non,

Qu'on le pende comme un larron. »

Ces phrases me paraissaient drôles

Et tremblant je me demandrai

S'il allait être procédé

A quelque infâme brigandage.

Puis avec soin m'interrogeant:

Je n'ai jamais causé dommage

A personne, soit en argent,

Soit par un acte déshonnête,

Me dis-je en me grattant la tête;

'On ne pourait que me blâmer

D'avoir aimé trop, mais en somme

Qu'ai-je fait de plus qu'un autre homme?

Ce n'est point un crime d'aimer,

Dieu lui-même le recommande,

C'est donc à tort que j'appréhende

Quant à moi quelque châtiment :

C'est contre un autre assurément

Qu'on s'emporte et que l'on cabale....

Soudain les amants, les époux

Firent une ronde infernale,

Sautant, gambadant, tenant tous

D'une main la corde fatale.

« Nous le pendrons, nous le pendrons !

Hurlaient-ils, et de nos affronts

De ce coup nous nous vengerons !

Quel arbre choisir? ce grand orme?

Non, non, plutôt ce chêne énorme

Il est plus haut, on le verra

Bien mieux quand il balancera. »

De moi pour lors ils s'approchèrent

Et malgré mes cris me passèrent

Brutalement la corde au cou,

Riant tous d'un rire de fou.

« Assez, assez! criait Louise,

Assez! disait plus bas Élise.

Non, qu'on le pende! murmuraient

Julie, Aimée et la marquise;

C'est grand dommage, soupiraient

Blanche et Jenny; non, disaient d'autres

C'est un fat, c'est un insolent. »

De leur côté, les bons apôtres

Faisaient jouer le nœud coulant:

Jamais n'ai vu pareille horde

Plus laides faces, plus laids profils!

« Y sommes-nous, se dirent-ils,

Attention, tirons la corde :

Une, deux et trois.... le voilà... »

Par bonheur en ce moment-là,

Jeannette, un baiser sur la joue

Me réveillait: c'était le tien :

Non, non, jamais, je te l'avoue,

Baiser ne me fit tant de bien.

A MA FEMME.

Comme d'autres longtemps, ma gentille épousée,
J'ai promené ma vie en des lieux bien divers,
Quêtant un peu d'amour sous plus d'une croisée,
Jetant à plus d'un cœur mes baisers et mes vers.

J'aurais fait du chemin en marchant de la sorte,
Et déja fatigué d'errer ainsi sans but,
Fatigué de frapper ainsi de porte en porte,
Sous mon pied endurci j'allais briser mon luth :

Quand soudain une voix d'une douceur extrème,
La tienne.... releva mon courage abattu.
Je suis, me disais-tu, l'Espérance, je t'aime,
Je t'offre le bonheur, pèlerin, le veux-tu ?

A MA FEMME.

Aux soucis dont j'aimais à ceindre alors ma tête,

Tu vins entrelacer les roses de ton front,

Et mon cœur fit entendre un joyeux air de fête,

Mon pauvre jeune cœur à s'égayer si prompt.

Que t'offrir en retour de ce bonheur durable,

De ce repos si doux et si longtemps rêvé?

Ah! s'il est un trésor à l'amour préférable,

Je te le veux donner.... quand je l'aurai trouvé.

2 mai 1848.

SONNET.

A l'Abbé ***.

Hier, mon cher abbé, causant près de Manette,
(Manette, vous savez, ce gentil étourneau
Qui vous broda jadis plus d'une chemisette,
Et pour laquelle un jour vous fîtes un rondeau;)

Nous parlâmes de vous et soudain la follette :
« Je voudrais pour le voir, être petit oiseau,
Dit-elle, en rajustant sa blanche gorgerette,
Il doit bien s'ennuyer, le pauvre bel agneau! »

Abbé, j'aurais voulu que vos chastes oreilles
Entendissent ces mots; jamais lèvres vermeilles
Ne rendirent un son plus doux, plus enchanteur.

Vous eussiez laissé là vos saintes étrivières,

Et dans votre jardin vous promenant rêveur,

Vous auriez le soir même oublié vos prières.

SONNET.

Au même.

A mon charmant sonnet, par une épître sèche
Vous avez répondu, l'abbé ; mille pardons
Si j'ai pu vous blesser ; je retire ma flèche.
Mais de votre côté trève aussi de leçons.

En vous lisant, Manon, rouge comme une pêche,
Chiffonna votre lettre et sans plus de façons
La voulut déchirer. « Si c'est ainsi qu'il prêche,
Je jure de n'aller jamais à ses sermons, »

Dit-elle. — Quant à moi, de ses mains si jolies,
Arrachant le papier, j'écrivis au crayon :
« Il existe ici-bas grand nombre de folies

Qu'on nomme tour à tour : orgueil, ambition,

Débauche, hypocrisie, avarice, égoïsme.......

Mon Dieu, préservez-moi toujours du fanatisme. »

SONNET.

Au même.

Abbé, mon cher abbé, voici ce que Manette,
Parlant de vous encor, me disait ce matin :
« Pourquoi se détourner de son rose destin !
Que fait–il maintenant de cette main coquette

Que j'ornai si souvent d'une fine manchette !
A quoi bon cet œil noir, cette peau de satin,
Ce jeune front rêveur et ce timbre argentin
Qui faisait dans sa bouche aimer la chansonnette?

Il prêche, il s'attendrit devant quelques badauds,
Et dans un lit étroit, seul, la nuit il soupire,
Après avoir de coups meurtri son pauvre dos ! » —

— Libre à chacun de faire ainsi qu'il le désire,

Répondis-je à Manon ; un jour viendra, qui sait?

Où tu le reverras délaçant ton corset.

SONNET.

Au même.

Manon, décidément, tient à vous éclairer,
L'abbé : Jésus, dit-elle, au jardin des Olives,
Envisageant la croix et ses souffrances vives,
Pencha son noble front et se mit à pleurer.

Ces maux, qu'un Homme-Dieu redoutait d'endurer,
Comment donc, près de lui, nous faibles sensitives,
Sans nous laisser bercer de promesses fictives,
Par mille doux moyens ne pas les conjurer?

Tout être, quel qu'il soit dans l'immense nature,
Evite par instinct l'ombre d'une torture;
L'homme seul inventa les macérations. » —

— Manon, je n'aime pas les femmes philosophes,

Lui dis-je : mêlez-vous de bijoux et d'étoffes,

Et ne me faites plus de folles questions.

LE POSTILLON.

Clinn, clinn, clinn ! à ce carillon
Je reconnais mon postillon.

La blonde Jeanne aimait Jean-Pierre
Comme Jean-Pierre l'adorait,
Lui postillon, elle fermière :
Dans la commune toute entière
Ce n'était plus las ! un secret.
Aussi, quand les bottes vernies,
Près des commères réunies,
Jean passait sur son blanc cheval,
Ce n'était qu'un cri général,

De langues un vrai carillon :
Jeannette attend son postillon...

20

Un soir qu'auprès de sa Jeannette
Jean-Pierre causait tendrement,
On frappe à la porte : inquiète,
Jeannette ouvre et dans la chambrette
Entre un homme, qui poliment
Réclame Jean pour le conduire.
Le vent sifflait, on voyait luire
A la fenêtre des éclairs....
N'importe, et bientôt dans les airs

On entendit le carillon
De l'intrépide postillon.

A peine le bruit des clochettes
Se perdait-il dans le lointain,
Que prise de frayeurs secrètes
Près d'un bouquet de pâquerettes
Jeanne s'agenouillait... Soudain
Elle pâlit, elle tressaille
En apercevant la médaille,
Que Jean toujours à son chapeau
Portait, qu'il fît mauvais ou beau.

Ciel! au dehors quel carillon!
Dieu protège le postillon!

Minuit sonnent: Jean-Pierre tarde;
Jeanne en proie aux pensers amers
Le long des routes se hasarde....
Bientôt à la lueur blafarde
Qu'au loin projetaient les éclairs
Elle voit Jean, Jean que la foudre
Avait hélas! réduit en poudre!
Folle, dit-on, depuis ce temps,
Elle soupire par instants:

Clinn, clinn, clinn, ô doux carillon,
Je vais revoir mon postillon.

TRISTESSE.

On prend une compagne, une adorable femme,
Qui s'abandonne à vous heureuse et sans regrets,
Qui cherche ingénuement à lire dans votre âme,
Et n'ose en deviner les ravages secrets.

L'ennui pour elle absout votre mélancolie,
Et si vos sombres traits s'animent un instant,
Elle voit dans vos jeux une aimable folie,
Rit de votre sourire, et s'endort en chantant.

Ris et chante toujours, épouse jeune et tendre,
Que des songes d'amour te bercent chaque nuit,
Surtout ne cherche pas à connaître, à comprendre,
Ce mal qui sourdement nous ronge et nous détruit.

En vain tu le voudrais saisir comme l'insecte,
Qui dépare un beau fruit ou flétrit une fleur :
Non, ce mal qui s'attache à notre âme et l'infecte,
Malgré tous les efforts s'y cramponne en vainqueur.

Demande-nous plutôt si le bal qui s'apprête
Promet d'être brillant, et si, galant époux,
Nous t'avons en secret choisi pour cette fête
Une robe nouvelle et de nouveaux bijoux ;

Ou ton bras sur le mien dans les sentiers paisibles,
Parlons de notre enfant, blond et charmant rieur,
Faisons, si tu le veux, des rêves impossibles,
Causons des jours passés, mais laisse en paix mon cœur.

LA CHASSE A L'AMOUR,

Beau chevalier de la Touraine,
Que cherchez-vous?— Le dieu d'Amour.
Il s'est enfui de mon domaine,
Et je le poursuis nuit et jour :
Dans le cœur d'une châtelaine
Je le croyais à jamais pris,
Mais le lutin brisant sa chaine,
S'en est retourné vers Cypris. —

— Beau chevalier, longtemps peut-être
En vain vous le pourriez chercher ;
De courir vous êtes le maître,
Mais plutôt que de chevaucher,
Venez causer sous ma fenêtre,
Je suis fille d'un timbalier,

— Votre doux accueil me pénètre,
J'obéis, dit le chevalier.

Ainsi donc, Monsieur votre père,
Ma mie, est timbalier du roi,
De le connaitre un jour j'espère :
En attendant ne sais pourquoi
Votre œil noir, charmante vipère,
Me trouble les yeux et le cœur. —
— Savez-vous si le sort prospère
A ramené le roi vainqueur? —

Ma chère vraiment je l'ignore,
Ce que je sais, c'est que ta voix,
Tantôt douce et tantôt sonore,
Met mon pauvre cœur aux abois ;
Mais quel est ton nom ? — Léonore. —
Léonore, par mon patron
Que très dévotement j'honore,
Mon cœur tremble comme un larron. —

— Que j'aime votre haquenée,

Que j'aime son noble maintien. —
Par cette chaude matinée,
A l'ombre, que l'on serait bien ! —
— J'aime sa robe satinée. —
Elle est moins blanche que ton cou. —
Mon Dieu ! la brûlante journée !
Je serais mieux je sais bien où...

Je serais mieux chez toi, ma belle,
Poursuivit le beau chevalier ;
Assis près de ton escabelle,
De ton père le timbalier
Nous causerions... — D'abord rebelle
Au jeune galant, sans regret
Elle ouvrit pourtant, et près d'elle
Le soir encore il soupirait.

Quand la nuit vint, le pauvre hère,
D'une ardente flamme saisi,
Disait : — En attendant ton père,
Laisse-moi demeurer ici. —
Non, dit-elle, allez à Cythère,

Chevalier, retrouver l'Amour. —

Ah! plutôt, reprit-il, ma chère,

Dans tes bras fêtons son retour.

ENCORE UN RÊVE.

En fait de rêves incroyables
Vous êtes fort, assurément,
Me dites-vous : mais de vos fables
On pourrait se lasser vraiment. —
Dussiez-vous cependant vous en lasser, madame,
De votre air gracieux accueillant ma réclame,
Veuillez encor pour celui-ci
Vous montrer indulgente
Et boudez-moi longtemps si cette fois j'invente.
Allons, vous souriez, vous consentez... merci.

. . . .

Couché sur un divan et pensant à vos charmes,
A ce front de vingt ans, calme comme un beau jour,
A ces yeux qui jamais ne versèrent de larmes
Que larmes de joie ou d'amour,

Je m'endormis...., Certes j'eus pu mieux faire :

Rimer pour vous distraire

Un sonnet, un rondeau, car rimer pour vous plaire

Pour moi, vous le savez, est le plus doux repos ;

Quoi qu'il en soit et sans avant-propos,

Sous le balcon d'un château séculaire,

Savoyard de seize ans, frais, gaillard et dispos,

Je jouais de la serinette,

Réclamant un morceau de pain,

Lorsque soudain

Une voix douce et fluette,

Dont l'écho dans mon âme au rêve a survécu,

Me dit: pauvret, tends ta casquette

Que j'y jette

Un écu.

Levant les yeux au plus vite

J'aperçus au milieu des fleurs

Une main blanche et petite,

Puis un bras, puis un cou, puis des yeux enchanteurs,

En somme une femme charmante

Réfléchissant vos traits comme votre miroir,

Madame, ayant vos yeux, vos yeux que chacun vante,

Votre chevelure abondante

Et ce petit point noir

Que Dieu coquettement posa près de vos lèvres

Comme pour y marquer la place d'un baiser.

Je sentis dans mon sang circuler mille fièvres,

Mon pauvre cœur battit à se briser;

Et ne pouvant me maîtriser

« Ah! fis-je, qu'elle est belle! »

Pour elle,

Trouvant mon étonnement

Tout naturel apparemment,

Elle se contenta de rire

Et de me dire :

« Gai savoyard ton visage me plaît,

Tu n'es vraiment point laid :

J'ai vu des dents moins blanches que les tiennes

Et des yeux moins fripons;

Tiens, je veux que de moi longtemps tu te souviennes,

Et que ce jour compte parmi tes bons.

Ce disant, dans ma casquette

Outre l'argent elle jette

De beaux fruits et des bonbons.

Merci, disai-je, ô belle dame,

Merci de votre argent et de vos fruits dorés,

Merci de vos bonbons; si j'osais, sur mon âme,

    Je vous embrasserais.

    Pour le coup la châtelaine

    Se mit à rire de grand cœur:

    Pour obtenir pareille aubaine

    Je connais plus d'un seigneur,

    Dit-elle, qui, sans malheur,

Contre ta serinette et ta veste de laine

    Echangeraient leurs parchemins;

    Pourtant que ton vœu s'accomplisse,

    Ajouta-t-elle avec malice,

    Pauvre coureur de grands chemins.

    Et déroulant une échelle de soie,

Tiens, monte, reprit-elle, allons, dépêche, enfant.

Doutant de mon bonheur, à la surprise en proie,

Je balançai d'abord, puis d'un pied triomphant

J'escaladai l'échelle, et le temps de sourire,

    O délire !

    J'étais en haut.

Surprise un peu, je dois le dire

Elle se remit bientôt,

Et caressant ma chevelure,

Il est vraiment, dit-elle, original,

Et parmi gens du monde on en voit de plus mal.

Si cette veste de bure

Etait de drap ou de velours,

Si quelque chemisette fine

Couvrait cette jeune poitrine ;

Si des souliers moins lourds

Emprisonnaient ces pieds ; si cette chevelure

Était lisse et soignee, on le prendrait, je jure,

Pour un élégant de Paris.

Cette lèvre est irréprochable

Cette fossette est adorable,

Ce nez a de la race, et ces yeux ont leur prix.

Et ce disant, d'une façon aisée,

Comme si de longtemps j'eusse été son amant,

Sa bouche mignonne et rosée

De mes yeux au menton courait négligemment.

Éperdu, je la laissais faire :

Mais, entre temps, pour me distraire,

D'une gorge charmante écartant le tissu,

J'essayais à son insu

De glisser sous la dentelle

Une petite main tremblante et toute en feu.

En sentant là mes doigts elle rougit un peu :

Ah! le petit larron, dit-elle

En m'attirant tout doucement

Au fond de son appartement.

Mes deux bras à son cou, mes lèvres sur sa bouche,

Je fis encore un pas; puis soudain sur sa couche,

Je ne sais trop comment,

Tous les deux nous nous trouvâmes,

Ni comment nous nous enlaçâmes,

Ni comment sur nous, nous tirâmes

Les rideaux.

. . . .

Tout-à-coup, ô terreur! je vis ses traits si beaux

S'altérer... Je sentis sur ses lèvres brûlantes

De la mort le froid calme et plat;

Ses prunelles étincelantes

Restèrent fixes, sans éclat;

Son épaule charnue et sa gorge princière,

Si souples sous ma main,

Me semblèrent soudain

Plus dures que la pierre;

Sa face se couvrit d'une étrange pâleur...

J'eus peur.

Je m'élançai du lit et pareil au voleur

Qu'épouvante le bruit, poursuivi par la belle

Je franchis le balcon, je regagnai l'échelle

Et plus promptement descendis

Que je n'avais grimpé vers ce beau paradis.

Aussitôt le pied à terre

Et libre de ma Circé

Je n'eus rien de plus pressé

Que de quérir avec mystère

La casquette dépositaire

De mes bonbons et de mon or.

Je la retrouvai dans les herbes;

Mais au lieu de mes fruits superbes,

De mes bonbons, de mon trésor,

Je n'aperçus plus, ô misère!

Que des vers... oui des vers! Jugez de ma colère:

Je relevai la tête et brandissant le poing,

J'allais dans ma détresse

Maudire de loin

Mon infernale maîtresse,

Quand au lieu de vos traits, ô belle enchanteresse,

De vos traits si majestueux,

Je ne vis plus, hélas ! qu'un squelette hideux.

PLUS DE PRESTIGE.

À M. le docteur Julien.

Homme, qui vous courbez ainsi devant un homme,
Demandez, avant tout, s'il en est digne en somme,
Car il est comme vous formé de chair et d'os;
Et le mérite seul peut vous rendre inégaux.
S'il n'a rien que son nom, mettez-vous à votre aise;
Vous souvenant que tout, depuis quatre-vingt-treize,
Comme un immense champ doit être nivelé,
Et que ceux qui, pareils à des épis de blé,
Lèvent plus haut le front dans la plaine infinie
Doivent tenir ce droit du talent, du génie.
Un grand nom sans talent est aujourd'hui sans prix,
Et le sot orgueilleux n'inspire que mépris.
Non, non, plus de prestige en ces temps de lumière,
Un homme n'est qu'un homme, une pierre, une pierre.

Au milieu de l'éclat, des pompes d'une cour,

L'œil froid de la raison maintenant se fait jour.

Dans les temples sacrés, partout elle pénètre,

Déshabille à son gré le monarque et le prêtre;

Devant le seul génie elle courbe le front;

Rien ne peut ébranler son jugement profond,

Ni les abeilles d'or d'une royale hermine,

Ni l'éclat d'un ruban posé sur la poitrine,

Ni sur une soutane un rabat noir et blanc,

Elle dépouille tout, recherche le talent;

Et si ces oripeaux, sans aucun prix pour elle,

Ne cachent point un cœur d'une valeur réelle,

Un noble caractère, un esprit gracieux,

Elle pousse un soupir et détourne les yeux.

Non, non, le temps n'est plus où, comme des idoles

Ou des Dieux inconnus, mystérieux symboles,

Prêtres, nobles et rois régissant l'univers,

A leur gré le menait ou droit ou de travers;

Où n'ayant que pour eux une puissante écorce,

Des Hercules disaient : J'ai le droit de la force!

Où d'ignobles jongleurs aux hommes timorés

Disaient : Vous devez croire, et, morbleu.... vous croirez.

Non, maintenant on dit en regardant un homme :

En quoi diffère-t-il d'une bête de somme?

Vit-il avec l'esprit, vit-il avec le corps?

N'aurait-il rien pour lui que d'imposants dehors?

Ces superbes crachats, cette riche livrée

N'abriteraient-ils pas une âme déflorée?

Est-ce un honnête cœur, n'est-ce qu'un intrigant

Sur la face duquel on salirait son gant?

On ne va plus courbant une tête servile

Devant un noir jésuite, escamoteur habile,

Dont la longue soutane est grosse de bons tours;

On ne se laisse plus bercer par des discours.

Non, non. Sans discuter une thèse pédante,

On demande *Pourquoi*. Pourquoi, lumière ardente,

Pourquoi, magique mot que porte la Raison

En caractères d'or sur son noble écusson.

C'est en vain qu'on voudrait la forcer au silence,

Et de sa main nerveuse arrachant la balance,

Y faire d'un côté pencher le préjugé,

Elle pèse à leur poids peuple, grands et clergé.

Tous ont beau s'écrier : Qu'on remonte à l'histoire,

Ce qu'ont cru vos aïeux vous pouvez bien le croire;

S'ils ont proclamé Dieu tel ou tel à leur gré,

C'est qu'ils l'auront jugé digne d'être adoré;

Non, ce n'est pas à vous à briser l'édifice,

A vouloir tout changer selon votre caprice.

Armé de la raison l'on répond à ces sots:

Si les aïeux étaient fous, craintifs ou dévots,

S'ils pliaient le genou devant une soutane,

S'ils vénéraient le roi, le roi fût-il un âne,

S'ils honoraient la Vierge, et Jésus et les saints,

Ils avaient en cela leur but et leurs desseins;

Sans doute les rusés y trouvaient leur affaire,

Ou, peur d'un châtiment, préféraient mieux se taire.

Dois-je les imiter? Dois-je penser comme eux?

De boire et de manger me croire assez heureux?

Dois-je, régénéré par un sanglant baptême,

Marcher aveuglément sans règle ni système,

Sans demander comment m'éclaire le soleil?

Sans chercher si la mort est ou non un sommeil,

Un néant éternel, une nouvelle vie?

Sans demander comment tout croît, tout vivifie?

Comment les fruits, les fleurs poussent dans mon jardin?

Et comment les Hébreux passèrent le Jourdain?

Sans demander pourquoi, l'homme sage qui pense
Souvent par l'homme sot est réduit au silence ;
Pourquoi le peuple un jour se crut besoin d'un roi,
Et dans quel but souvent l'on défend les pourquoi ?

Je sais qu'il est encor dans le siècle où nous sommes
De ces pauvres d'esprit à tort appelés hommes,
Esclaves ne voyant que la forme et le nom,
Sans savoir si le cœur est digne du renom,
Sans connaître le fond de l'homme ou de la chose,
Sans rechercher le ver abrité sous la rose.
Les titres éclatants pour ces gens-là sont tout ;
Pour eux l'or est un Dieu toujours neuf et debout,
Leur front est toujours prêt à s'incliner à terre
Devant le rénégat, le traître, l'adultère,
L'assassin même hélas ! pourvu que leurs regards
Rencontrent l'héritier de Pierre ou des Césars.
Je sais qu'il est encor de ces faibles cervelles
Qui devant des rubans, des bijoux, des dentelles,
Une robe d'évêque, un costume nouveau,
Restent la bouche ouverte, agitant leur chapeau.
Dites-leur en passant : connaissez-vous ces hommes ?
Ont-ils de leur fortune employé quelques sommes

A soulager le peuple? Ont-ils à la sueur

De leur front plébéien mérité quelque honneur?

Ont-ils de leur pays défendu la frontière?

De chefs-d'œuvre nouveaux doté la France entière?

Pour quel motif enfin mettez-vous chapeau bas?

Ils riront les niais! ils ne comprennent pas

Qu'on ne s'incline plus devant un équipage;

Ou bien ils vous diront que l'un de leur village

Possède le château; que l'autre d'un comté

Et de cent mille écus a naguère hérité —

Mais au moins, direz-vous, ont-ils par un service

De vos humbles saluts acquis le bénéfice,

Car le salut du pauvre à sa valeur aussi:

Mais non, répondront-ils, non c'est l'usage ainsi.

N'importe, si pour prix de leurs signes de tête,

Le vent à leur oreille apporte le mot bête;

Automates vivants, on les verra demain

Comme la veille encor le bonnet à la main.

Ah! plaignons ces badauds refusant de nous suivre;

Laissons leur l'habit rouge et les clairons de cuivre.

Pour nous dont la raison guide seule les yeux,

Qui ne voulons trouver rien de prodigieux,

Qui nous rendons de tout compte par la pensée,
Qui sans nous éblouir d'une pompe insensée,
Avant que de juger soulevons le manteau;
Marchons les rangs serrés, notre avenir est beau.
Dût même notre vie être sombre et troublée,
Qui de nous n'envirait le sort de Galilée,
Celui de Spinoza, ce roi des novateurs,
Tous à qui la raison prodigua ses faveurs.
Et quand pour nous convaincre on remûrait des mondes,
Quand de nouveau le Christ marcherait sur les ondes,
Nions. Quand un géant, fléau du genre humain,
Sur notre bouche encor voudrait poser la main,
Nions, nions toujours, et forcés de nous taire,
Armons-nous, mes amis, du rire de Voltaire.

FIN.

TABLE.

www.ingramcontent.com/pod-product-compliance
Lightning Source LLC
Chambersburg PA
CBHW071628200326
41519CB00012BA/2203